城市大面积停电事件应急演练标准化方法与实践

广东电网公司广州供电局 组织编写

安志国 黎 颖 杨 琨 编著

中国水利水电出版社

www.waterpub.com.cn

·北京·

内 容 提 要

本书为专注于城市面临大规模停电事件时的应急演练方法与实际操作的指南。全书从7个方面对城市大面积停电应急演练展开研究分析：城市大面积停电事件应急演练目的及要求；城市大面积停电事件影响及特征分析；大面积停电事件应急演练现状与特点；大面积停电事件应急演练基本流程；大面积停电事件应急演练支持保障系统；大面积停电事件应急演练实践探索；关于大面积停电事件应急演练未来发展的思考。本书旨在提供城市管理者、应急响应团队以及相关从业人员必备的知识和技能，以有效地应对大面积停电事件，保障公众安全和城市运行稳定。

本书可供供电企业各级管理人员、技术人员阅读，也可供有关专业的管理人员、技术人员参考。

图书在版编目（CIP）数据

城市大面积停电事件应急演练标准化方法与实践 / 安志国，黎颖，杨琨编著 ；广东电网公司广州供电局组织编写. -- 北京 ：中国水利水电出版社，2023.11
ISBN 978-7-5226-1907-1

Ⅰ. ①城… Ⅱ. ①安… ②黎… ③杨… ④广… Ⅲ. ①停电事故－应急对策 Ⅳ. ①TM08

中国国家版本馆CIP数据核字(2023)第217988号

书　　名	**城市大面积停电事件应急演练标准化方法与实践** CHENGSHI DA MIANJI TINGDIAN SHIJIAN YINGJI YANLIAN BIAOZHUNHUA FANGFA YU SHIJIAN
作　　者	广东电网公司广州供电局　组织编写 安志国　黎　颖　杨　琨　编著
出版发行	中国水利水电出版社 （北京市海淀区玉渊潭南路1号D座　100038） 网址：www.waterpub.com.cn E-mail：sales@mwr.gov.cn 电话：(010) 68545888（营销中心）
经　　售	北京科水图书销售有限公司 电话：(010) 68545874、63202643 全国各地新华书店和相关出版物销售网点
排　　版	中国水利水电出版社微机排版中心
印　　刷	天津嘉恒印务有限公司
规　　格	184mm×260mm　16开本　9.75印张　202千字
版　　次	2023年11月第1版　2023年11月第1次印刷
印　　数	0001—2000册
定　　价	**95.00**元

前言

电力作为现代化城市正常运行和各项经济活动顺利开展的重要支柱，已成为广泛共识。城市各项基础设施，如企事业单位、学校、医疗机构、各类工厂、娱乐场所、体育场馆等公共场所，以及关系到群众生活的自来水供应水、热力供应、燃气供应、城市地面交通、地铁运行、城市排水排涝、污水处理等各个领域，都离不开稳定可靠的电力供应。同时，在人民群众的日常生活领域，电力已成为大家“默认”的必需品。由于我国电力供应日益稳定，电网可靠性越来越高，“停电”似乎已淡出了人们的日常生活，公众已经习惯了身边电力无处不在的生活。

但是，随着全球气候变化，各种极端自然灾害发生的可能性逐渐增大，针对电网的网络攻击和人为破坏活动在国外也时有发生，对各国的电网结构和运行安全造成一定的威胁。大面积停电事件一旦发生，将会给经济社会发展和公众日常生活带来严重的危害和重大损失，而且这种影响往往会超出停电活动本身，对整个社会生产生活秩序造成难以挽回的损失。尽管我国目前的电网结构稳定性和可靠性都非常高，但是，各种极端天气造成极为严重的自然灾害，如台风、特大暴雨、雨雪冰冻灾害以及地震、地质灾害等每年都有发生，对电网运行安全和电力供应安全造成了很大影响。此外，电网自身运行过程中各种人为因素造成的事故偶有发生，可能造成局部电网大范围停电事故。同时，从国外情况看，电网和电力基础设施作为关键性基础设施，也可能面临一定的外力破坏风险，例如，2015 年乌克兰国家安全部门宣布，该国遭受一起针对电力公司的恶意网络攻击事件，导致全国超过半数的地区发生大面积停电事件，给该国的经济社会造成难以估量的重大损失，严重威胁到了乌克兰的国家安全。

电力应急工作事关人民生命财产安全、社会稳定乃至国家安全。开展大面积停电应急演练工作，是加强电力应急管理、提高应急队伍素质、提升应急管理能力的重要措施，是提高事前风险防范和事后应对处置水平的重要途径。由于大面积停电事件发生的小概率性，因此，开展基于科学方法的大面积停电应急演练，通过演练熟悉应急处置流程、掌握各方职责权限、提高应急处突能力、发现问题并补足短板，是做好应急准备、提升应急能力、完善应急预案的一项重要的基础性工作。目前城市大面积停电应急演练的策划与实施存在规范性不足、真实性不强、技术性滞后等问题，需要进一步分析和研究。应在认真总结国内外城市大面积停电应急演练成功案例的基础上，研究当前新形势下大面积停电应急演练新模式和新技术，建立科学有效的大面积停电应急演练策划与实施标准化体系，有效检验城市大面积停电应急预案的有效性，提升政府各部门、各行业及重要电力用户协同处置效率，共同维护城市电网安全稳定。

本书由广东电网公司广州供电局组织编写，安志国、黎颖、杨琨编著。提供资料并参加部分编写工作的还有杨志红、刘汉、潘效文、吴加强、刘建红、桂鹏飞、何镜如等。

由于编写时间仓促，书中难免会存在疏漏或错误，恳请读者批评指正。

作者

2023年8月

目录

第6章 大面积停电事件应急演练实践探索

第7章 关于大面积停电事件应急演练未来发展的思考

附录 国家大面积停电事件应急预案

第 1 章

城市大面积停电事件应急演练目的及要求

1.1 突发事件应急演练法律法规有关要求

国家高度重视突发事件应急演练工作，在有关法律、法规的规章中，对突发事件应急演练工作提出了一系列的明确要求，并制定了一系列配套的、标准和规范性文件。近年来，有关法规规章和标准相继出台和修订，相关内容和要求不断得到完善，这些法规标准文件均为开展大面积停电事件应急演练工作提供了基本的法律遵循和重要的方法参考。

1.1.1 有关法律关于突发事件应急演练的要求

从国家层面看，有关突发事件应急演练的相关法律主要包括《中华人民共和国突发事件应对法》和《中华人民共和国安全生产法》，上述两部法律对突发事件应急演练工作作出了概括性的规定。这两部法律与后续配套出台的一系列有关法规、规章和规范性文件，成为指导和规范突发事件应急演练工作的基本制度体系。

《中华人民共和国突发事件应对法》是关于突发事件应急管理的基础性法律，对各类突发事件的应急演练工作提出了原则性要求。其中，第二十九条规定，县级人民政府及其有关部门、乡镇街道、村居委会一级企事业单位均应组织开展应急演练活动。第二十六条对于县级以上人民政府组织开展专业应急救援队伍和非专业应急救援队伍联合应急演练工作提出了要求。

《中华人民共和国安全生产法》第二十五条要求生产经营单位应当组织开展应急救援演练。第八十一条要求生产经营单位的应急预案应当与地方政府的应急预案有效衔接，同时要定期开展应急演练。第九十七条第六款指出，对于未能按规定定期组织开展应急演练的生产经营单位，有关部门要对其进行处罚，包括责令限期整改、罚款、责令停产停业整顿等处罚形式，另外对其负责人和有关人员可进行罚款处罚。

1.1.2 有关法规关于突发事件应急演练的要求

近年来，在安全生产和应急管理领域出台的一系列相关法规规章对应急演练工作也提出了明确要求。《生产安全事故应急条例》（国务院令第 708 号）第八条对地方各级政府及其应急管理部门开展应急演练的频次作出了明确规定，要求至少每 2 年要组织开展 1 次应急救援预案演练。对于危险品、矿山、交通、建筑施工以及人员密集场所等重点单位，应至少每半年组织开展 1 次应急演练活动。同时，第八条还对有关监管部门对企业应急救援预案演练情况的监督管理和抽查整改等活动作出了规定。第三十条规定，对于未按该法规要求定期组织开展应急救援演练的企业提出了处罚要求，有关部门可以按照安全生产法的有关规定追究其法律责任。

1.1.3 有关规章标准文件关于突发事件应急演练的要求

2013年国务院办公厅下发的《突发事件应急预案管理办法》对包括应急演练在内的应急预案管理各环节作出了具体规定和要求。其中第五章专门针对应急演练作出了具体规定。第二十二条规定，应急预案编制单位要组织开展实战或桌面应急演练，各专项应急预案和部门应急预案每3年至少要组织实施1次应急演练活动。重要基础设施和城市供水、供电、供气、供热等生命线工程经营管理单位等，要经常性地组织开展有针对性的应急演练活动。第二十三条规定，应急演练活动结束后，要针对演练组织执行情况、应急预案的可操作性情况、模拟处置中的指挥调度和协调联动情况、应急处置人员的处置情况等开展相应的演练评估工作，并根据演练过程中发现的问题提出修订完善预案、加强应急准备、完善应急机制流程和处置措施等方面的具体建议。

2019年7月应急管理部修订的《生产安全事故应急预案管理办法》第三十二条规定，各级政府应急管理部门每2年至少要组织一次应急预案演练；第三十三条规定，生产经营单位要制定应急演练计划并确保每年至少开展1次针对综合或专项应急预案的应急演练，每半年至少组织1次针对现场处置方案的应急演练。重点单位应至少每半年组织1次针对生产安全事故方面的应急预案演练，并接受地方应急管理部门的监督和抽查。第三十四条规定，应急预案演练完成后必须开展针对演练效果的评估工作，通过查找问题达到改进应急工作、完善应急预案和提高应急能力的目的。

针对突发事件应急演练工作，原国务院应急办于2009年专门下发了《突发事件应急演练指南》，用于指导各地各部门各单位规范开展应急演练工作。该指南从应急演练的定义、目的、原则、分类、规划以及应急演练的组织机构、演练准备、演练保障、演练实施和演练评估总结等若干方面对应急演练工作给出了明确的方法指导。这一文件成为指导各行业各部门各企业应急演练的重要基础性规范性文件，为我国的突发事件应急演练工作提供了具体的方法遵循。

《突发事件应急演练指南》规定，开展应急演练工作的目的是检验预案、完善应急准备工作、锻炼应急救援队伍、磨合应急管理机制并起到科普宣教的重要作用。应急演练要结合实际情况，合理进行定位；要着眼于实战需求，讲求演练实效；组织方要精心策划、组织实施，并确保演练过程安全；同时还有统筹规划，厉行节约。按照不同的分类标准，该指南将应急演练活动进行了细分：按照组织形式可分为桌面演练和实战演练；按照演练内容可分为单项演练和综合演练；按照目的与作用可分为检验性演练、示范性演练和研究性演练。应急演练事前要进行精心的准备，包括制定演练计划，设计演练方案、演练情景和实施步骤，明确演练评估方法标准；编制演练方案文件手册以及控制方案评估指南等相关文件；编制细化演练脚本，将拟训练的要点和科目有机结合到情景中去。应急演练要做好充分的保障工作，包括人员保障、经费保障、场地保障、物资和器材保障、通信保障以及安全保障等。应急演练执行和实施过程要科学严密，从演练的指挥、具体处置行动、演练过程控制、演练过程记录和辅助解说、演练终止等各个环节，均要求要按照事先拟定的演练计划有条不紊地开展执行，确保演练流程顺畅、过程安全。最后，指南还对演练的总结评估工作提出了具体的方法指导。演练总结要聚焦于执行情况、应急指挥情况、协调处置情况、具体处置过程和参演人员所表现出来的处置能力等若干方面开展有效总结评估，并将评估结果用于改进问题、优化流程、完善预案、提升能力等后续各环节。

2019 年，应急管理部颁布了新的安全生产行业标准《生产安全事故应急演练基本规范》（AQ/T 9007—2019），以代替此前的《生产安全事故应急演练指南》（AQ/T 9007—2011）。该标准增加了应急演练不同分类方式，细化了演练的基本流程，并对演练流程（包括演练计划、演练准备、演练实施、演练评估总结和持续改进五个方面）进行详细说明，成为指导安全生产事故应急演练的最新标准规范。该标准明确应急演练的主要目的是：①检验应急预案，通过演练发现预案中可能存在的问题，提高预案针对性、实用性和可操作性；②完善应急准备，包括有关的应急管理规章制度、应急技术手段、应急装备物资等；③磨合应急机制，通过演练完善有关部门、单位和人员的职责，提高应急处置与协同能力；④知识普及与宣传教育，通过演练达到普及应急管理相关知识，提高相关人员应急处置和自救互救能力的作用；⑤锻炼应急队伍，通过演练使应急救援队伍能够熟悉应急预案，强化应急处置能力。该标准规定了应急演练应当遵循的基本原则，应当符合国家相关法律法规和规章标准，依据应急预案并结合实际风险和事故特点开展演练，突出以提高应急指挥、综合协调、应急处置与应急准备能力为关键抓手，确保演练过程安全有序，参与人员人身安全。该规范将应急演练实施的基本流程划分为计划、准备、实施、评估总结和持续改进 5 个阶段。

（1）计划阶段主要包括演练需求分析、明确演练任务和制定演练计划等环节。

（2）准备阶段主要包括成立演练组织机构（演练领导小组以及策划与导调组、宣传组、保障组、评估组等），编制工作方案、演练脚本、评估方案、观摩方案、保障手册以及宣传方案，做好人员、经费、物资器材、场地、通信以及安全保障等工作内容。

（3）实施阶段主要包括现场检查、演练简介、演练执行、演练记录、演练结束（或中断）等环节。

（4）评估总结阶段主要是根据有关演练评估的标准规范，如《生产安全事故应急演练评估规范》（AQ/T 9009—2015）等，对演练过程和演练效果进行详细评估；同时撰写演练评估报告和总结报告，对演练相关资料进行归档。

（5）持续改进阶段主要是根据演练过程中反映出来的问题，对应急预案进行修订完善，改进未来的应急管理工作。

1.2 电力行业相关规章标准和要求

2015年发布的《国家大面积停电事件应急预案》，对包括应急预案演练在内的各项预案管理相关工作提出了明确要求。预案中明确要求，电力企业要定期开展应急演练活动，以全面提升应急救援能力。同时，预案附则中还明确规定，预案实施后，国家能源局要会同有关部门组织预案培训和应急演练工作，各地方政府要及时修订本级大面积停电事件应急预案。

国家能源局2014年下发的《电力企业应急预案管理办法》（国能发〔2014〕508号）第六章对电力企业的预案演练作出了明确规定。要求电网等各类电力企业，要建立应急预案演练制度，并根据实际情况采取多种演练方式，组织开展有关预案的应急演练活动。电力企业要对演练工作制定整体规划和具体演练计划，定期组织开展应急预案演练工作，演练前要充分进行准备，明确演练目标任务和演练步骤，并做好演练保障工作。电力企业要根据各自面临的重大风险特点，定期组织演练，确保每年至少开展1次专项应急预案演练，每半年开展一次现场处置方案演练。同时，电力企业要在演练结束后开展演练评估工作，检验演练的效果，发现问题及时反馈至应急预案的修订工作中。

国家能源局2016年编制下发的《大面积停电事件省级应急预案编制指南》（国能综安全〔2016〕490号）在指导各省大面积停电事件应急预案编制时，明确提出了各省级预案实施后要开展相关应急演练工作的要求。

国家能源局2018年下发的《电力行业应急能力建设行动计划（2018—2020年）》要求，要开展省、市、县三级大面积停电事件综合应急演练，推动国家级城市群大面积停电事件联合应急演练，重点提高跨省、跨区域协同应对能力。同时，要组织社会应急救援力量开展必要的电力专业培训和演练，形成有能力、有组织、易动员的电力应急抢险救援后备队。能源局派出机构及地方政府主管部门应督促重要电力用户积极配合电网企业和地方政府开展大面积停电应急演练。

2019年，国家发展改革委、国家能源局会同应急管理部提出工作部署，要求进一步落实《国家大面积停电事件应急预案》，重点抓好省、市大面积停电事件应急预案的修订和联合演练工作。

2019年，应急管理部会同国家能源局联合下发了《关于进一步加强大面积停电应急能力建设的通知》（应急〔2019〕111号），明确要求要全面提升各地大面积停电应急能力。通知从加强电力安全风险分级管控与隐患排查治理，加强大面积停电事件应急预案体系建设，强化大面积停电应急演练，提升大面积停电事件的应急保障能力，提升大面积停电相关应急基础能力以及完善大面积停电应急协调联动机制等方面作出了明确规定。在大面积停电事件应急演练方面，通知明确，电力主管部门和应急管理部门对各地区和电力行业开展演练工作要进行指导。地方电力管理部门、应急管理部门要根据自身实际，严格按照有关要求，有计划地开展大面积停电演练。演练应做到主体和人员广泛参与、应急处置充分协调联动、形式多样并且节约高效。每年度有关部门和单位要将年度大面积停电应急演练开展情况以及下一年度的演练计划报送电力主管部门，同时抄送能源局地区监管局和应急管理部门。电力企业要定期开展大面积停电相关的应急演练，演练需贴近实战、面向基层、常态开展、全员参与，最大限度地提升全员电力应急管理能力。对于演练过程中发现的问题，有关电力企业和部门单位要及时整改，对标预案进行完善，完善各项应急准备工作。

2020 年，国家能源局按照国务院安全生产委员会印发的《全国安全生产专项整治三年行动计划》统一部署，下发了《电力安全生产专项整治三年行动方案》（国能发安全〔2020〕33 号），明确提出，地方政府电力管理有关部门要积极推进大面积停电事件应急预案编制工作，建立健全应急协调联动机制，每年至少组织开展一次地市级应急演练。电力企业要规范开展应急预案编制、评审、发布、培训、修订及备案等工作，及时开展实战演习和总结评估，不断提高预菜的针对性、科学性和可操作性；要不断完善突发事件预测预警、应急响应、信息报告和恢复重建等机制，持续开展应急能力建设评估；要加快电力应急国家队伍建设，强化应急队伍管理和专业培训，加强抢险救援装备配置，提高应对处置和协同作战能力；要动态管理应急物资储备，保证及时补充更新，要加快应急管理信息化建设，利用先进的技术手段提升应急救援效能。

2022 年，国家能源局印发《电力安全事故应急演练导则》（国能综通安全〔2022〕124 号）。《电力安全事故应急演练导则》（以下简称“《导则》”）主要遵循两点原则，一是落实法规、标准最新规定，对照《生产安全事故应急条例》等法规规定，特别是《生产安全事故应急演练基本规范》中的各项要求，结合电力安全事故特点和应急处置工作实际，进行吸收融合。二是深入结合电力行业实际，着眼于电力行业最新情况，分析总结电力行业近年来执行《电力突发事件应急演练导则（试行）》中存在的突出问题，有针对性地提高应急演练的科学性、可操作性。总结吸收应急演练工作中积累的先进经验，提炼后融入《导则》。《导则》包括总则、应急演练计划、应急演练准备、应急演练实施、评估总结、持续改进、附录 7 个部分，对于如何组织电力安全事故应急演练提供了较为详尽的指导。其中，总则部分主要明确《导则》的适用范围、演练的原则、演练的基本流程；应急演练计划部分主要包括需求分析、明确任务、制订计划等内容；应急演练准备部分主要包括成立组织机构、编写演练文件、落实保障措施等内容；应急演练实施部分主要包括现场检查、演练简介、启动、执行、结束等演练实施内容；评估总结部分主要包括演练情况评估、演练工作总结相关内容；持续改进部分主要包括根据演练情况对预案进行修订，并对应急工作持续改进等内容；附录对一些概念进行了解释说明。

与《电力突发事件应急演练导则（试行）》（已废止）相比，《导则》内容上主要有三点不同。

（1）更加聚焦国家能源局职责。电力安全事故相关应急工作为国家能源局“三定”职责，《导则》编制时进一步聚焦电力安全事故的应急演练，将标题及正文中的“电力突发事件”改为“电力安全事故”。同时，《导则》对应急响应、抢修恢复、城市生命线保障、信息发布等具体演练内容进行了细化。

（2）更加聚焦导则定位。为确保《导则》定位准确、条理清晰，删除了《电力突发事件应急演练导则（试行）》中包含“应急演练规划与计划”等管理工作的内容，并按照演练的时间顺序对主体章节进行了调整，“定义和术语”部分作为附录。

（3）调整完善有关表述。《导则》参考《生产安全事故应急演练基本规范》等标准，结合电力行业实际，补充了观摩手册及宣传方案的编制要求；规范了“桌面演练”内容；明确应急演练评估执行《生产安全事故应急演练评估规范》的有关要求；明确了应急演练参演单位的持续改进要求。

此外，其他有关行业主管部门还出台了一系列相关类型突发事件应急演练的规范性文件，如《地震应急演练指南》（试行）、《信息安全技术　网络安全事件应急演练指南》（GB/T 38645—2020）等，这些文件在规范各自行业领域应急演练工作的同时，也为电力行业开展相关应急演练活动提供了借鉴参考。

1.3　南方电网公司关于进一步推进本质安全型企业建设的要求

建设本质安全型企业，是坚持总体国家安全观的实践要求，是南方电网公司基本战略目标之一，是实现安全生产长治久安的治本之策，其实质是通过建立科学系统、主动超前的安全生产管理体系和事故事件预防机制，从源头上防控安全风险，从根本上消除事故隐患，使人、物、管理、环境各要素具有从根本上预防和抵御事故的内在能力和内生功能，实现各要素安全可靠、和谐统一，逐步达到预防型、恒久型、本质型安全目标。

《中共南方电网公司党组关于进一步推进本质安全型企业建设的意见》（南方电网党〔2021〕205 号）文件中明确指出，要求强化突发事件防范处置能力，牢固树立“两个坚持、三个转变”理念，聚焦实战、平战结合、以战促平，常态预防和非常态应急相统一，推进应急体系和能力现代化，促进应急管理向覆盖事前、事中、事后全过程系统性管理转变。因地制宜打造全天候备战能战的专业应急特勤和抢修突击队伍。基础应急装备应配必配、先进应急装备区域统筹、应急物资应储必储，应急预案简明实用、应急演练全员覆盖、监测预警实时到位、应急响应快速有序。

1.4 大面积停电事件应急演练法规要求归纳

从以上国家应急管理和安全生产等领域相关法律、法规、规章、标准和规范性文件对各类突发事件特别是大面积停电事件应急演练的要求来看，地方政府和电力系统做好大面积停电事件的应急演练工作，不但是全面检验电网运行稳定性以及政府部门和有关电力企业应急能力的一种重要方法，也是法律规定的各主体必须履行的一项重要义务。归纳而言，对于大面积停电事件应急演练，相关法规规章的要求主要包括演练主体、演练流程、演练频次以及演练保障等若干方面。

1.4.1 演练组织实施的主体、流程和频次要求

（1）明确了应急演练组织实施的主体。对于大面积停电事件而言，以国家和各级地方政府发布的大面积停电事件应急预案为依据，进一步明确了事件处置和应急演练组织实施的主体是地方政府。由于大面积停电发生后，必然会引发社会面的一系列问题，影响到居民生活，因此，事件处置和演练必须由地方政府牵头才能真正调动起包括电网企业在内的各方面力量和资源。从近年来各地组织的大面积停电事件应急演练以及实际发生的大面积停电应急处置情况看，基本上都遵循了这一原则，一般都是由地方政府牵头成立应急指挥机构，领导指挥应急抢险救援各项任务。当然，电网企业也可以根据自身运行情况，制定大面积停电事件应急演练的计划，组织实施相关应急演练活动，但演练过程中势必会涉及与地方政府各有关部门的沟通协调，演练中涉及的信息报送、重大事项决策、信息对外发布等环节，也必须在地方政府及其部门的大力支持下方可完成。因此，从这个意义上讲，大面积停电事件应急处置和应急演练的主体始终离不开地方政府。

应当指出，大面积停电事件应急演练的组织实施，是一个多主体协同配合、共同参与的结果，有关方面需要在地方政府的统一领导下，按照预案中的分工，并结合具体预设的灾情，作为一个有机整体，共同完成演练设定的各个科目和任务。

（2）规范了应急演练组织实施的流程。有关法律法规对各类突发事件的应急演练提出了原则性规定，而配套的规章标准则对各类突发事件应急演练的过程进行了规范，这些规章标准对大面积停电事件应急演练的组织实施过程提供了重要的依据和参

考。从时间序列的维度看，突发事件应急演练组织实施过程大致可分为以下若干方面的环节：演练规划和年度计划制定、演练方案策划、演练情景设定、演练任务梳理和设计、演练组织、演练过程控制、参演人员调度与管理、演练保障、演练宣传、演练总结评估和持续改进等。这些演练流程的相关规定对于大面积停电事件应急演练而言同样适用。未来，地方政府及其部门或电力系统在组织实施大面积停电应急演练过程中，应当参照执行上述规定。同时，电力行业主管部门在条件成熟时，也可以考虑出台专门的大面积停电事件应急演练指南或导则，用于指导全国各地和全行业开展应急演练活动。

（3）规定了应急演练定期组织的频次。有关规章标准均明确了突发事件应急演练组织实施的时限要求。地方政府及其部门、有关企业单位组织实施应急演练时，根据主体性质的不同和突发事件类别的不同，演练时限从每 2 年 1 次、每 1 年 1 次到每半年一次不等。这些规定对相关演练组织实施主体是刚性约束，必须执行到位，如因为演练组织实施不及时而导致实际突发事件发生后应对处置迟滞甚至失效，则可根据有关法律法规条款追究相关主体的行政责任或法律责任。

（4）提出了应急演练保障的条件。有关规章标准明确规定，负责组织实施应急演练的主体应当确保演练所需的必要资金投入到位和设备物资保障到位，并为演练提供必要的场地，做好演练过程做好的后勤服务保障，确保演练过程顺利和人员安全。

1.4.2 应急演练与应急预案的关系

有关规章制度进一步厘清和明确了应急演练与应急预案的关系。有关法规规章明确规定，地方政府及其部门、相关行业单位必须按照相关要求编制各类突发事件应急预案；同时，要针对应急预案开展有针对性的应急演练。应急演练是检验应急预案有效性和可靠性的重要途径之一，必须按照相关时限规定按期完成。可以说，“有预案就要有演练，演练好则预案更完善”。

通过梳理有关法规规章关于应急演练的要求可以看出，应急预案编制或修订完成后，必须要定期举行应急演练。因此，通常情况下应急演练都会基于有关预案内容，通过假想一定的停电场景，预设演练需要完成的各项应急任务，然后有条不紊地开展模拟处置活动，从而达到检验预案实用性和可操作性的目的。但也应当指出，大面积停电事件在实际应对过程中，往往面临同一主体同时启动多个应急预案，或者不同主体同时启动针对大面积停电事件的专项预案。因此，在组织大面积停电事件应急演练的过程中，必须统筹考虑不同主体和不同预案之间的有效衔接问题，大面积停电事件应急演练可以“一对多”，即一场演练可对应多个主体针对大面积停电事件的多个预案进行校验。实际上，针对这些跨主体预案体系的综合检验，对于发现系统性问题和能力短板等往往具有更大的意义。

第2章

城市大面积停电事件影响及特征分析

为全面准确了解和把握大面积停电事件的诱发因素和基本特征，作者选取国内外近十几年来发生的典型大面积停电事件进行了梳理，从中归纳和总结出事态演化的基本规律。同时，以大面积停电事件的诱发、发展和灾情蔓延过程作为逻辑主线，梳理出事件应对处置所需的各项主要任务；同时，以有效完成这些任务为目标，全面梳理相关主体所需匹配的应急能力和应急资源，并将其与既有应急能力和应急资源进行对标分析，提出在开展大面积停电演练时需要重点关注的核心问题和关键要素。

2.1 近年来国内外典型大面积停电事件梳理分析

2.1.1 国外典型大面积停电事件

从全球范围看，近十几年来世界各地发生过多次特大停电事件，给当地的经济和人民生活带来了巨大损失。这些代表性的典型特大停电事件主要如下：

1. 印度大停电事件

2012 年 7 月 30 日清晨，印度北部、东部和东北部地区电网全面崩溃，超过全国领土一半的地区电力供应中断，6.7 亿多人受到影响，首都新德里和加尔各答等一些大城市也未能幸免。造成此次大面积停电的主要原因是印度北方邦一座高压变电站发生故障，当地电网超负荷后崩溃，随即引发连锁反应，最终造成整个印度北方电网崩溃。此次事件被认为是印度 10 余年来规模最大的一次停电事故。

停电时间超过 48 小时，影响范围波及印度的 22 个州和联邦地区。断电地区包括铁路和德里地铁系统在内的基础服务和公共交通系统受到很大影响。停电导致德里地铁系统全部中断，大量乘客被困在地铁列车和站台上。此外，此次停电事件的受影响地区至少有 300 列火车停运，大批旅客滞留火车站，交通信号灯信号中断使得首都新德里的交通陷入一片混乱。停电事件还引发衍生事故，200 多名“东部煤矿”的矿工因停电被困在几百米深的井下，无法升井，生命安全受到很大程度的威胁。

2. 哥伦比亚大停电

2007 年 4 月 26 日，哥伦比亚首都北部的一家发电厂的技术故障导致了哥伦比亚大面积停电。此次停电的影响范围波及哥伦比亚全国 80%以上的地区，总停电时间超过 3 个小时。此次停电导致哥伦比亚大部分地区的工业企业、服务行业及金融行业等关键性行业领域受到重大影响，全国的经济活动几近瘫痪，甚至很多地方的政府办公大楼也停止电力供应，公共服务一度陷入停滞。哥伦比亚首都及其他一些大城市地面交通信号灯失灵，多地造成大范围交通拥堵甚至瘫痪，整个社会秩序遭受严重破坏。此次哥伦比亚大停电事故造成的直接经济损失高达数亿美元。

3. 俄罗斯莫斯科大停电

2005 年 5 月 25 日，俄罗斯统一电力系统公司位于卡布特尼区恰吉诺变电站的一台 110kV 变电站发生故障，随后故障升级导致另一台变电器发生故障跳闸。而此时，由于莫斯科的空调用电量激增，导致电力负荷持续增长，系统的输电线路过载严重。随后，故障导致六回 220kV 线路连续跳闸，最后，莫斯科的 7 个变电站中有 4 个停止工作，停电开始在莫斯科蔓延，莫斯科南部、西南和东南市区发生大面积停电事故。5 个莫斯科的电厂保护性停运，十余个区的供电中心停运。据统计，此次大停电使得莫斯科电网 300 多座变电站全停，损失负荷 350 万 kW。莫斯科市将近一半地区的工业生产、商业活动和交通运输陷入瘫痪，受影响的人口约有 200 万人。直到 24 小时之后，莫斯科全城的电力供应才得以完全恢复。

根据事后俄罗斯政府方面的估计，此次莫斯科大停电造成损失至少 10 亿美元。停电造成莫斯科 40 多条地铁线路被迫中断运行，莫斯科市内有超过 230 多个交通信号灯停止工作，由此还引发一系列的交通事故，造成市内一度交通瘫痪。此外，停电造成超过 1500 多人被困在各类建筑设施内部的电梯中，有超过 20 家的大型医院因停电被迫紧急启动备用电源。金融方面，莫斯科证券交易所交易也被迫中断，对俄罗斯的金融市场造成一定冲击。俄罗斯图拉地区的一家化工厂因停电，导致设备故障并发生爆炸，造成严重损失。在社会面上，停电地区由于空调无法启动，居民抢购饮用水，出租车提价，社会秩序一片混乱。事故调查报告表明，电站人员工作协调不当和缺乏明确的操作规程是造成事故的主要原因。此外，设备老化也是引发莫斯科停电事故的重要原因之一，有将近一半的电力设备存在不同程度的老化现象，长期过载的电力负荷引起线路保护性动作。而在此情况下，电力安全运行人员又未及时采取相应的保护性措施，造成线路电力负荷增大，导致事故发生连锁反应，从而引发大面积停电事故。

4. 美加大停电

2003 年 8 月 14 日，美国的东北部和加拿大的部分地区发生了北美地区也是全球范围内，有史以来最大规模的一次大面积停电事件，损失电力负荷共计达到 61800MW，停电范围超过 2.4 万 km^2。美国和加拿大共有约 266 座电厂的 500 多台机组在事件中被迫关闭，中断发电，此外，还有 22 座核电站也被迫自动保护性关闭。

据事后美加两国联合组成的调查组发布的调查报告显示，此次停电事件的起因“异常简单”，主要是因为克利夫兰附近的电力线路受到线塔下方的高大树木影响，造成线路短路。随后故障升级，而事发的电力公司未能及时采取措施控制故障的蔓延，最后导致电网因负荷过重而崩溃。很多并网电厂的机组触发保护性关闭，形成恶性循环，最终造成美国和加拿大的北美东部电网解列。

此次停电事件共波及美国的 8 个州和加拿大的 2 个省，其中美国的纽约、底特律和加拿大的多伦多等特大城市成为此次停电事件中受影响的重灾区。美加两国受停电影响的人数超过了5000万人，尽管加拿大只有2个省受到停电影响，但是，受影响的民众数量却占到了加拿大全国总人口的1/3，停电的破坏力和影响程度由此可见一斑。此次大范围跨国停电的时间超过24小时，部分地区超过48小时时间后才陆续恢复电力供应。据事后调查统计，停电造成的直接经济损失约为300亿美元。

停电造成了整个社会面出现连锁反应。城市交通瘫痪，地铁停运，地面拥堵，机场也不得不取消了大量正常航班的起降。此外，城市供水系统也受到了很大的影响，高层建筑停电停水，通信在部分地区一度中断，位于纽约的联合国总部大楼的电力和通信则完全中断，对联合国的正常运行所造成的影响是前所未有的。纽约市的紧急救援电话被拨打超过80000次，紧急医疗救助热线也被打爆，超过了5000次。停电对美国的金融、证券等行业也造成重创，很多银行被迫歇业，证券交易所被迫关闭，银行证券业损失惨重。

停电发生后，成千上万的民众涌上大街，一度造成很多城市社会秩序一片混乱。有的民众在接受《纽约时报》等媒体采访时甚至表示，此次停电事件对其心理上造成的冲击和引起的恐慌，不亚于“9·11”事件。特别是在纽约市，停电后很多公众第一反应是又遭受到了恐怖组织的恐怖袭击，高层建筑中的人们急于逃离建筑物，有人甚至从几十层楼上一路飞奔而下，场面让人感到恐慌，整个纽约市有超过100万人涌上街头。事后，很多民众通过各种自媒体途径表达了对电力公司和政府在此次事件应对中的不满。

随后，美国纽约州于当日16时宣布进入紧急状态，美国时任总统布什要求联邦调查局和国土安全部密切关注事态变化发展，美国空军进入戒备状态，派出了两架F-16战斗机在停电区域上空开展巡逻。纽约市和其他城市立即启动应急响应，所有警力倾巢出动，加强路面巡逻，所有正在休假的警察中断假期被紧急召回，纽约州的国民警卫队也做好的随时应战的准备。

5. 巴西国家电网大停电

2018年3月，巴西国家电网发生大面积停电事故，波及巴西北部和东北部14个州，负荷损失占巴西全国联网系统的22.5%，停电用户数占全国的1/4。事故造成中西部、南部以及东南部地区与东北部地区的联络断开，北部和东北部地区的电力系统崩溃，南部、东南部和中西部地区受到轻微干扰。此次事故中阿拉戈斯等14个州受到较大影响。事故发生的主要原因是欣古换流站分段断路器过流保护动作，美丽山里约换流站一直流双极闭锁；安稳装置未能及时动作，电网解列形成孤网；各孤网独立运行，东北、东北部孤网瓦解。受地理条件的限制，巴西水电资源集中于北部和西部地区，而全国用电中心又集中在东南部地区，巴西电网结构呈现出“北电南送、西电东送”局面，一旦输电大通道出现崩溃，往往会引发全国范围内的大面积停电。

6. 委内瑞拉大停电

2019年3月7—9日，委内瑞拉发生大面积停电事件。首都加拉加斯和20个州受到影响，停电影响公众3000万人，国内通信网络和多地供水线路受到重创。委内瑞拉超过半数地区全停时间达到6小时以上，是近十余年来委内瑞拉遭遇的持续时间最长、影响范围最广的大面积停电事件。首轮停电逐步恢复后，3月9日委内瑞拉国内再次发生大面积停电。此次停电的原因委内瑞拉官方认为是网络攻击导致的水电站机组停运进而诱发大范围停电。另有观点认为，本次停电是由于委内瑞拉最大的水电站——古里水电站的输送线路廊道发生火灾引发回路跳闸，进而导致中心变电站失压引发全国范围的大面积停电。

7. 巴基斯坦大停电

2021年1月9日，巴基斯坦古杜电厂故障导致国家电力系统连锁反应，引发巴基斯坦自新中国成立以来最大规模停电事故。事故导致巴境内所有主要城市陷入黑暗，包括首都伊斯兰堡、经济中心卡拉奇及第二大城市拉合尔。这次事故的停电规模超过了巴基斯坦2015年1月25日发生的大停电，成为该国历史上最严重的大停电事故，影响全国约2.2亿人口，有些地区停电达22小时之久，对社会生产生活造成严重影响。

造成本次巴基斯坦全国范围大停电且恢复缓慢的主要原因如下：

（1）电网网架薄弱。由于巴基斯坦水电主要分布在北部电网，火电基地主要位于南部电网，南北电网之间潮流分布存在明显的季节性变化。夏季，北部电网向南部电网送电，冬季，水力发电显著减少，南北电网之间存在较大的逆向潮流。巴基斯坦电网南北交流联络通道呈薄弱的长链式结构，一旦主要输电通道故障，容易造成潮流大量转移引发连锁故障。由于缺少电源支撑，古杜电厂直接接入南北交流联络通道，但古杜电厂故障引发输电通道故障会对整个电力系统的稳定性造成严重影响。本次事故中，由南向北送电达3000MW，接近北部电网负荷的一半，古杜电厂220kV和500kV出线级联跳闸，南北交流联络通道断开导致电网解列，北部电网出现较大的功率缺额，导致系统稳定性破坏。

（2）安全防御体系不完善。古杜电厂220kV开关场接地开关、隔离开关、断路器等设备之间缺少防误闭锁装置，难以保证操作流程的正确性。三相接地故障发生后，古杜电厂相关断路器未跳闸，且主保护失效，无法及时有效隔离故障，而是通过Shikarpur侧和Sibi侧距离保护动作跳开3回220kV线路。南北部电网振荡中心位于其交流联络通道，但未配置失步解列装置，振荡过程中未能在第一时间解列。此外，线路继电保护装置缺少振荡闭锁功能，在系统振荡过程中部分线路保护误动跳闸，进一步扩大了事故范围。

（3）网源协调能力不足。南北电网解列后，虽然采取了低频减载措施，但电网侧控制措施与电源侧涉网保护缺乏协调配合，引发故障范围扩大，最终导致大停电。北部电网低频期间，部分发电机可能因涉网保护参数设置不当相继跳闸，进一步加剧功率缺额，导致系统频率崩溃。南部电网在高频阶段，ChinaPower Hub、Port Qasim等部分大容量电厂由于保护动作跳闸，系统从高频转入低频状态，并未能通过低频减载维持系统稳定。

（4）管理流程存在漏洞。本次事故暴露出巴基斯坦电网生产管理流程存在漏洞。古杜电厂控制室未对接地开关进行状态监测。检修人员在完成相关检修作业后，未将接地开关断开，电厂员工未确认接地开关状态直接闭合断路器，造成接地故障，引发古杜电厂多条线路跳闸，且相关操作没有得到调度中心（NPCC）授权，古杜电厂的7名员工因此被停职处理。若有完备的操作票执行流程，电厂员工误操作引起线路级联跳闸的情况完全可以避免。在走访调查中还发现，现场缺少对开关场设备的定期检测和预防性维护，现场人员不了解保护参数设置情况，也没有对控保策略进行定期检查，从而对保护策略失效埋下了隐患。

（5）事故恢复能力不足。事故发生后，短时间内即造成全国范围大停电，但在恢复初期，北部水电机组黑启动未能稳定运行，直到4小时之后才实现第1条220kV线路恢复供电，整个恢复过程长达22小时。除Tarbela、Mangla、Warsak和Uch以外，大多数发电厂不具备黑启动能力，而Uch电厂恢复时黑启动失败。NTDC、K-Electric和有关电厂缺少针对大停电事件的应急预案和停电恢复的作业规程。部分电厂在启动过程中发生故障，未能及时响应调度中心（NPCC）的同步指令。

8. 古巴全国性大停电

古巴当地时间2022年9月27日4时30分左右（北京时间16时30分左右），飓风“伊恩”在古巴西部省份比那尔德里奥登陆，导致首都哈瓦那在内的4个省份出现强降雨和狂风。飓风直接导致古巴西部省份大量输电线路、变压器和二次系统受到破坏。当天17时52分左右（北京时间9月28日5时30分左右），古巴西部与中东部连接的220kV主干输电线路由于飓风原因跳闸，造成古巴电网解列为两部分，西部电网和中东部电网因功率不平衡均发生频率失稳，整个电网崩溃陷入瘫痪，损失全部负荷。造成古巴全国性大停电，约1100万人失去电力供应。当天，古巴仅部分地区恢复供电，首都哈瓦那大部分地区在停电24小时后仍未恢复电力。

造成本次大停电的主要原因如下：

（1）网架薄弱，极端天气的抵御能力不足。极端天气是引发本次古巴大停电的直接原因，但根本原因是主网架极其脆弱。古巴西部和中东部仅通过一条贯穿整个古巴岛的220kV同塔双回线路连接，抵御极端天气的物理基础十分薄弱。

（2）电源分布不合理。主力电源的分布过于集中，极端天气下容易“一锅端”。古巴的电源主要以火电为主，在首都哈瓦那周边聚集了多个热电厂，也是此次飓风摧毁的主要发电设施群。

（3）能源缺乏，部分地区经常性停电。在正常情况下，稳定的一次能源供应、强大的能源基础设施是可靠供电的物质基础。但受能源危机影响，古巴发电燃料供应不稳定，发电能力严重不足。加之电网设备老旧，传输损耗高，致使部分地区时常断电。因此在极端天气下，古巴一次能源的缺乏、基础设施的缺陷所带来的负面影响，会成倍放大。

2.1.2 国内典型大面积停电事件

国内近十几年来也发生过多起因极端天气导致的大面积停电，其中最为典型的是2005年强台风“达维”、2015年强台风“彩虹”和2017年强台风“天鸽”引发的海南、广东及澳门等多地电网大面积停电事件。

1. 强台风“达维”引发大面积停电

2005年9月26日，强台风“达维”登陆海南岛后对海南电网造成重创。台风“达维”自9月25日晨开始影响海南，至29日夜间移出，对海南岛持续影响时间长达48小时，台风中心横穿海南岛，影响全岛，海南多地出现12级以上持续大风。台风期间，海南省1.5万艘船只全部回港避风，全省范围内紧急转移21万名居民。9月25日20时27分，110kV永丰线故障跳闸，21时8分至23时10分，永玉线、牛红线、泮会线、东文线、牛屯线等线路相继永久故障跳闸，琼海变电站、泮水变电站相继失压。随后，21时31分，220kV洋洛Ⅲ线停电调压。26日0时20分，110kV牛官线永久性故障跳闸，牛路岭电厂与系统解列。至26日1时20分，台风“达维”共造成5条220kV线路跳闸，26条110kV线路跳闸，其中11条退出运行，110kV琼海、泮水、屯昌站全站失压，牛路岭电站因3条110kV出线故障与系统解列。随后，海口电厂、洋浦电厂、大广坝电厂、南山电厂等主力电厂相继因出线故障和保护性跳闸等原因而停止运行，海南电网主网崩溃。此次停电共造成海南全省损失总负荷数的625%，其中海口损失81.4%，损失最重的文昌市达97.4%，此外停电负荷超过90%的地区还有万宁市和琼海市。海南电网全停后，海南省启用黑启动程序，南丰、大广坝等子系统相继实施黑启动程序启动发电机组，同时并网发电，经过多少尝试后，终于获得成功。此次“9・26”海南大面积停电成为我国第一次因大面积停电而实施黑启动方案并获得成功的案例。

此次停电事件反映出海南电网孤网运行、大机小网、设备老化、对外联系较弱等突出问题，对提升海南电网自身的稳健性提出了更高要求。此外，台风“达维”引发的大面积停电还引发连锁反应。海口部分小区二次供水出现问题，造成小区断水。市内道路发生大范围积水，不但影响了交通，而且影响了抢险救援车辆的通行。受台风“达维”影响，原本计划到琼的成品油运输船舶被迫停靠避险，海南的油料外供渠道受阻。由于海南岛内的成品油储备多集中于海口周边，因此，除海口外的其他地方出现了一定程度的油料供应紧张。

2. 强台风“彩虹”引发大面积停电

2015年10月4日国庆节期间，强台风“彩虹”在东南沿海登陆，对南方电网造成了重创。强台风“彩虹”中心最大风力15级，阵风超过17级，最大风速超过67m/s，是新中国成立以来秋季登陆我国大陆地区的最强台风。据统计，此次强台风“彩虹”导致广东电网大范围停电，广州、湛江、茂名等地受灾较重。台风共导致广东电网超过70座110kV及以上的变电站失压停运，110kV及以上线路跳闸120余条、倒塔超过80基。其中，广州电网发生20多年以来的首次大面积停电，广州市500kV广南变电站失压，另有5个220kV变电站断电，此外还有1个发电厂和14个110kV变电站受到不同程度的影响，停电用户数超过40万户。广州供电局启动一级响应，全力应对此次停电事件。

湛江市主城区受到重创，湛江电网超过90%的变电站停运，110kV及以上停运变电站达到74座，将近90%的电力用户停电。其中主网共有2座500kV变电站、9座220kV变电站、63座110kV变电站发生失压；线路方面，500kV线路7条发生跳闸、220kV线路28条发生跳闸、110kV线路发生跳闸49条。配网共有158条10kV线路发生跳闸，停电台区12789个，损失电力负荷超过50万kW，损失电量超过1200万kW·h。

强台风“彩虹”造成的停电还引发了社会面一系列问题的连锁反应。强台风“彩虹”对湛江的通信造成严重影响，移动、联通、电信三大移动运营商大量通信基站退服、通信机楼停运，传输线路受损，通信一度中断长达一天多的时间。受强台风“彩虹”影响，湛江水务集团下属的多个水厂停电，取水、制水和送水各生产流程停产，全市发生大面积停水。其中，赤坎水厂、坡头水厂、平乐水厂、临东水厂、龙划水厂、麻章水厂等市区主要水厂均发生停电和停水，湛江市的生产生活用水受到严重影响，直到24小时才陆续恢复供水，48小时后完全恢复供水。

强台风“彩虹”对湛江市的市内交通和公共交通也造成了严重影响。湛江市市内各主干道的交通信号灯因断电停止工作，交通一度瘫痪，此外交通智能监控系统设备失灵，大量倒伏的树木和散落的杂物进一步加重了交通拥堵，加油站等重要地点周边的道路因民众排队而造成交通严重拥堵。湛江火车站断电，站内照明灯塔被吹倒，大量树木、杂物以及部分电线横在铁轨上，导致列车停运，10余趟列车晚点，滞留旅客超过2000人。湛江机场停电，航站楼供水中断，导航设备、助航灯具以及监控等设施设备损毁严重，且因停电停止运作，共有近50架次的航班被迫取消，受到影响的出行旅客达5000多名。

强台风“彩虹”还造成了城市油料供应的紧张。由于台风导致大量加油站设备受损，加之停电造成计费系统和油泵无法正常工作，湛江 160 余座加油站中有超过 80% 停业。湛江地区的油库也停止运营，导致大量的抢险救援车辆油品供应紧张，医院、应急通信、供水等相关应急抢险车辆的油料均受到一定程度的影响。

归纳而言，强台风“彩虹”引发的大范围停电，成为近 20 年来广东省遭遇的最为严重的大面积停电事件之一。除南方电网网架结构本身遭到台风侵袭破坏之外，还引发了大量的社会面问题，湛江等地区的水、电、油、气、地铁、城市交通、铁路、民航等城市生命线工程全线告急。此外，湛江地区的相关医院、宝钢湛江基地等医疗单位和工业基础设施也不同程度受到影响。此次由极端天气引发的大面积停电事件，凸显了当前我国重特大突发事件所面临的灾害类型叠加、灾害情景叠加、灾害后果叠加等典型特点。这提醒我们，在开展应急准备的过程中，应当高度重视这类复合型、复杂化的叠加灾害风险。正如习近平总书记指出，开展防灾减灾和应急管理工作，要“从注重灾后救助向注重灾前预防转变，从应对单一灾种向综合减灾转变，从减少灾害损失向减轻灾害风险转变”。

3. 强台风“天鸽”引发大面积停电

2017 年 8 月 23 日，强台风“天鸽”在广东省珠海市南部海岸登陆，台风造成珠海、澳门等地区出现大面积停电。据统计，珠海电网共计 680 余条线路跳闸，将近 40 个变电站失压，停电用户数将近 70 万户。珠海供电公司先后出动 2000 多名应急基干队伍开展电力抢修，紧急派出 70 多台应急发电车和发电机开展紧急保电作业。同时，强台风“天鸽”导致珠海机场发生大面积停电，对空管和进出港航班均造成了一定程度的影响。此外，台风还造成珠海市部分居民小区家中发生停水，移动通信也受到很大影响，部分区域手机信号微弱甚至无信号。

强台风“天鸽”对澳门造成严重影响，澳门 8 年来再一次悬挂起了 10 号风球。由于澳门主要依靠从珠海向澳门输送电力，在强台风“天鸽”中，供电线路发生故障，故而造成澳门电力供应发生中断，澳门从 8 月 23 日中午开始出现大面积停电，澳门半岛及离岛区均出现电力中断情况。从广东向澳门供电的两座主变电站 220kV 珠海站和 220kV 拱北站先后失压，导致广东电网与澳门电网连接线路中断，澳门出现短时间内电力全停。

澳门大停电还导致了手机移动通信和网络通信受到严重影响，电台正常广播节目也因台风受到影响。此外，大停电还波及澳门几家主要医院，院方不得不紧急启动备用发电机来提供照明和供电，但电力仅能维持照明和基本服务，医疗气体、影像设备等关键设施设备的运行受到影响。停电还导致了澳门的市区交通受到影响，交通信号灯停止工作，交通受到影响，一度出现混乱。南方电网共计派出了 550 余名电力抢修人员，经过 10 多个小时的奋力抢修，23 日 19 时，南方电网对澳门的电力供应恢复到灾前的 76%，达 32 万 kW。至 24 日 9 时，澳门电力供应完全恢复，此次澳门大面积停电事件共持续21小时。

4. “3·3”台湾电网大停电事故

2022年3月3日，中国台湾电网发生大面积停电事故，包括高雄、台北等台湾地区几乎所有城市都遭受停电影响，损失负荷约8.46GW，停电用户约549万户，是中国台湾电网自从1999年大地震以来最严重的停电事故。

本次事故的直接原因是兴达电厂开展断路器检修，现场工作人员在未回充断路器GIS气室SF_6气体的情况下，错误投入相邻隔离开关，导致绝缘不足闪络放电，可能发生特殊形态的复杂发展性短路故障。根据兴达电厂本次操作的检修单，厂内设备检修时主要评估和关注可能直接影响机组跳机的风险因素，对于操作隔离开关导致断路器带电的风险缺乏评估，操作前也未核实断路器GIS气室的SF_6压力，最终导致本次误操作。本次事故的根本原因是保护防线不完善，存在电厂保护拒动和电网侧保护拒动、时序不匹配等问题。深层次原因是中国台湾电网由于自然条件原因，输电走廊、电源选址匮乏，发展过程中形成电源大型化和电网集中化的特点，北部、中部、南部地区主要负荷和主要电源均通过3个枢纽变电站运转，过度集中导致枢纽站一旦发生故障将可能引发电网大面积停电事故。

2.2 大面积停电事件诱发因素与基本特征分析

2.2.1 大面积停电事件诱发因素分析

在对以往国内外发生过的典型大面积停电事件进行详细梳理和分析的基础上，结合我国所面临的大面积停电主要风险和威胁，有针对性归纳出可能导致大面积停电事件的诱发因素，为完善大面积停电事件应急演练工作提供重要的基础信息参考。通过对近年来国内外发生的大停电事件的梳理，可大致归纳总结出大面积停电事件的典型成因、灾害情景、灾害后果等事件演化基本规律特点。一般而言，这些典型的停电事件往往是由极端天气引发，或者因电网缺陷、控制失效、管理缺失叠加系统故障造成。就电网本身而言，在多重因素的叠加作用下，区域电网出现电力潮流紊乱，导致电网解列崩溃，从而引发大面积停电。极端情况下，可能会出现区域电力供应全面中断，发生全停事件，对区域电网的黑启动能力、重要用户的自保能力和电网企业的抢险救援能力提出严峻考验。

结合我国各地面临的公共安全风险实际，易于引发大面积停电事件的诱发因素可归结为自然灾害因素、电网运行因素和外力破坏因素三个方面。

（1）自然灾害风险特别是极端天气导致的大面积停电。各种暴雨洪涝灾害、台风、强对流天气、雨雪冰冻灾害、滑坡泥石流等重大灾害可能导致电网受损，引发连锁跳闸，从而导致大面积停电事件发生。

(2) 电网自身运行风险导致的大面积停电。电网在运行过程中，其自身的设备故障，电网设计方面存在缺陷，电力保护装置受损，电网安全稳定控制装置失效，或者电网控制及保护水平达不到电网安全运行的实际需求等各种因素，均有可能引发大面积停电事件的发生。

(3) 外力破坏可能导致的大面积停电。人为蓄意对电网设施进行物理破坏、对电网运行控制系统进行的网络攻击、电网设施周边进行的工程施工等各种外力因素，均有可能导致大面积停电事件的发生。

例如，2021 年郑州“7·20”特大暴雨导致的大面积停电，河南全省共有 1326 条配电线路、3.68 万个配电台区停运。受损最重的郑州市共有配电线路 470 余条停运，受损变压器 730 余台，倒塌线杆 6000 余基，停电或受影响用户 77 余万户。造成此次郑州城市大面积停电主要诱发因素包括三个方面：一是树磨导线，倾斜、断裂或倒伏树木损坏架空线路，造成线路接地发生短路，变电站停运；二是很多小区单位的地下配电室和开闭所发生洪水倒灌，被迫关停；三是建设施工方面造成的杆塔倾斜倒伏等原因。

2.2.2 大面积停电事件后果分析

大面积停电的影响范围广泛，多会波及多个城市和人口稠密地区。事件除了对电网网架结构本身的破坏以外，还可能会因为故障升级而蔓延到上游的发电厂，引发系统性问题。对于事件造成的后果，社会面问题一般会在停电事件发生后集中爆发，对水、电、油、气等城市生命线工程和工厂、医院、学校、人员密集场所等重点防护目标的运行造成严重影响，从而诱发整个社会系统出现问题甚至发生崩溃。大面积停电背景下社会面的主要风险可归结为如下若干方面：

(1) 医疗卫生。部分医院短时间内无法正常供电，ICU 重症监护室、妇产科等关键科室无法正常开展医疗救治活动，大量危重病人亟须转院。需要在交通瘫痪的情况下，统筹安排医疗力量进行紧急救治，保障基本的医疗运作；紧急手术、必需的治疗检查仪器、急救工作需要应急发电机供电。医疗缴费系统、医保系统因结算中心停电无法正常使用，效率急剧降低。医院需要冷藏的药品存在无法储藏造成药品短缺的风险。极端天气影响下，医院地下室大型设备在断电的同时可能还会叠加水淹等威胁。

(2) 供水。水的生产和输送可能中断。长时间停水会给城市运转带来巨大冲击，严重威胁社会稳定。

(3) 物资。超市等渠道的物资供应在大面积停电情况下，存在囤积居奇、供不应求、物价飞涨、抢购甚至被抢劫的风险。

（4）油气供应。局部加油站因断电无法工作，油料储备库可用油料有限，可能出现局部范围的“油荒”，对抢险救援车辆的油料保障提出严峻考验。加油站成品油供应系统和计费系统因停电导致失灵，无法正常工作，导致大量应急发电机、发电车和救援车辆用油紧张。燃气供应出现中断，部分企业生产活动受到影响。

（5）金融。银行间通信中断，营业网点及ATM存在停止运作的风险。停电还对银行、证券公司等金融机构的交易结算带来影响，结算数据中心可能因停电停止运作。银行证券单位重要基础信息的存储发生困难，金融证券行业业务中断。

（6）通信。枢纽机房运转因停电停水停止运转。大部分基站停电导致公共通信中断，手机通话、短信和上网激增导致移动通信网络拥塞瘫痪。极端情况下，应急指挥系统有可能中断，而通信是应急指挥系统的基础，必须保持应急指挥系统的畅通。

（7）工业企业生产受到停电影响。大型钢厂、石化企业等工业企业发生停电，自备电厂遭到重创被迫关闭，亟须电力部门紧急保电援助。危化品生产储存区因停电可能存在发生火灾、爆炸及有毒物泄漏等次生事故的风险。

（8）市内交通。各地市内交通受停电影响，交通指示灯停止工作，交通可能瘫痪。地铁排水系统、动力系统、通风系统停止运作。地铁列车停运，人员大量聚集，需要紧急疏散。

（9）铁路。火车站、铁路运行线路可能停电。电气化列车停止运行，沿线各车站人员聚集。火车站滞留大量旅客，随着滞留时间延长，部分旅客可能出现心理焦灼或不适，车站维持秩序压力增加。

（10）高速公路。公路收费作业停止，大量车辆滞留，可能造成交通拥堵。

（11）航空。因地面运输系统瘫痪，机场与市区接驳功能存在失效的风险。机场受停电影响，航班调度、航空管制可能会受到限制，无法将旅客按时运输至目的地，造成大量人员聚集机场。

（12）安全保卫。停电后，敌对分子可能会趁机攻击重点电力保护设施或保护目标，并利用互联网散播停电谣言，造成一定的社会恐慌。

（13）重点部门保障。部分党政军机关和涉及国家安全的重点单位可能发生停电，办公场所安保系统正常运行受到影响甚至失去作用。如果政府有关部门发生停电，大面积停电应急指挥系统可能部分失灵。

（14）高层建筑。城市高层建筑电梯停运，有人员被困电梯情况发生，亟须紧急救援。城市高层住宅楼自来水无法正常供应，发生大面积停水，城市排水系统和排污系统因停电导致失效。

（15）广电网络。广播电视和网络信息传输中断，部分区域居民信息获取渠道受限，政府发布的灾情信息和救援指令无法第一时间传达到灾区居民。

2.2.3　大面积停电事件基本演化规律及特征分析

通过对上述大面积停电事件诱发因素和造成后果的详细分析，大致可以得出大面积停电事件的基本演练规律和特征。归纳起来，典型大面积停电事件的特征和规律可归纳为表 2－1 所列的若干关键要素。

表 2－1　　大面积停电事件关键要素分析

<table>
<tr><th colspan="2">事件要素</th><th>主 要 特 征 描 述</th></tr>
<tr><td colspan="2">诱发因素</td><td>（1）遭遇数十年不遇的极端天气（台风、持续强降雨等），引发大面积停电。
（2）设备发生严重故障，且故障持续升级，最终波及全网，造成大面积停电</td></tr>
<tr><td colspan="2">电网受损情况</td><td>（1）停电范围波及数个省区市，甚至影响到其他国家或者地区。
（2）其中，特大城市或大型城市的停电用户数、停电负荷数均超过 90%，甚至发生全市范围内的全停事件（按国内标准，达到特别重大大面积停电事件）。
（3）在发生全网停电后，系统处于全停状态，需要紧急启动“黑启动”程序</td></tr>
<tr><td rowspan="5">社会面影响</td><td>水</td><td>（1）全市范围内发生大范围停水，自来水厂自备电源无法满足工作要求，大部分居民小区的自来水供应中断。
（2）污水处理厂大部分无法正常工作，污水处理面临严峻挑战</td></tr>
<tr><td>油料燃气</td><td>（1）油料供应出现严重短缺，油库因停电造成出库油料受到严重影响。
（2）80%以上甚至更多的加油站因停电无法正常工作，大量社会车辆与救援车辆集中加油，油料供应紧张。
（3）燃气供应发生大范围中断，并波及工业生产和居民生活，热电和热力供应中心因燃气供应中断而无法发电或供热，城市供热出现中断（北方），大量燃气供应站无法正常供气</td></tr>
<tr><td>市内交通</td><td>（1）中心城区交通信号灯停止工作，市区交通信号电子屏幕黑屏，大部分平交路口车辆卡死，市内路面交通全面瘫痪。
（2）城市地铁停电后，地铁车辆可以保证不被困在隧道中间，但无法继续牵引列车前行。地铁站内电力供应仅能满足应急照明和应急广播需要，数百万乘客发生滞留，旅客疏散压力空前</td></tr>
<tr><td>通信</td><td>（1）停电导致移动通信全面受到影响，国内三大移动运营商的基站持续工作时间短，无法满足停电期间紧急通信的要求。
（2）无线政务网受停电影响，可能发生部分瘫痪</td></tr>
<tr><td>民航铁路</td><td>（1）大型民用机场发生大面积停电后，应急电源仅能满足照明和广播要求，无法确保航空器的起降。
（2）航站楼与市区间的联络交通发生中断，数万名乘客滞留机场，机场空调系统停止工作，人员情绪激动，极易引发群体性事件。
（3）城市各大火车站列车停运，大量旅客滞留，应急电源只能保证照明和广播，无法提供更多有效服务。
（4）特大城市机场、火车站停运，波及全国，造成全国大范围交通出现瘫痪</td></tr>
</table>

续表

事件要素		主要特征描述
社会面影响	医疗卫生	（1）部分医院出现大范围停电，应急电源无法满足临床手术要求，医院检测设备停用，电力仅够照明和广播。 （2）部分危重病人亟须大范围转移，对生命通道提出极高要求
	工业金融	（1）大量工业企业因停电造成停产，钢厂亟须紧急电力供应确保生产安全。 （2）部分危化品生产、储运企业受到影响，存在发生有毒有害气体爆炸泄漏风险。 （3）金融、证券机构因停电受到冲击，股票停盘，金融数据安全受到威胁。 （4）可能有核设施受到威胁（需全力确保核设施运行安全）
	党政机关办公	（1）党政机关运行受到影响，亟须外部电力支援。 （2）关键业务系统正常运行受到影响。 （3）大面积停电事件应急指挥体系一定程度上受到影响

2.3 大面积停电事件主要应对任务梳理

不同诱发因素导致的大面积停电事件，其应对处置的任务会有所区别，但总体上会遵循监测预警、应急响应与救援、后期处置与恢复等基本任务流程。从近年来国内外发生的大面积停电情景看，极端天气导致的停电较为普遍。因此，本节选取极端天气导致的大面积停电，来说明事件应对过程中可能涉及的各项主要任务，包括监测预警、应急响应、后期处置、信息发布与沟通等若干环节。

2.3.1 大面积停电事件监测与预警

极端天气发生前，例如超强台风登陆或者暴雨灾害发生之前，气象部门一般都会发布相应的台风预警或暴雨洪涝等灾害预警信息。在接到气象部门的预警后，电网企业、地方政府电力行业主管部门、城市运行保障单位等相关单位要根据灾情采取必要的预警行动，提前做好防范和应对灾害准备。此时，电网企业应当与地方政府有关部门和能源局派出机构保持密切联系，及时报告最新情况。地方政府有关部门必要时应组织电网企业和城市运行保障等重点部门单位及时开展会商研判，把握灾情发展趋势，对电网运行安全进行风险评估，重点关注薄弱环节和薄弱部位，必要时及时采取风险防范或规避措施。在此阶段，各方要及时进入应急待命状态，为后续可能采取的应急响应措施储备必要的应急装备和应急物资。各方面要保持密切联系，特别是涉及跨省区、跨地域的重特大灾害来临前，各相关方要做好信息共享，做好共同应对的各项准备活动。

具体而言，电网企业在接到气象部门或行业主管部门发布的极端天气红色预警或其他重特大灾害预警信息之后，要立即对重要电力基础设施开展线路巡查，做好必要的防护加固措施，提前准备必需的电网应急抢修装备设备，前置应急基干队伍人员或保持随时待命状态，同时还要加强与重要电力用户之间的沟通协调，协同做好各项应急资源准备工作。电网企业要主动加强与气象、水利、应急等部门加强灾害监测信息的共享，结合电力系统自身运行特点，提高预警发布的精准度。

此外，电网企业或电力行业主管部门还可根据自身情况，通过电网综合灾害监测预警平台系统，加密监测和预报频次，重点加强对电网网架结构和自身运行可能造成影响的天气状态变化情况的监测，及时发布面向电力系统的预警信息，提高应急准备行动的针对性和专业性。重点关注台风、暴雨洪涝、森林火灾、地质灾害、线路覆冰等极端灾害的监测预警，提高重特大自然灾害监测预警能力。

地方政府有关部门要及时与电网企业保持联络和灾情信息共享，与应急管理、防汛办、消防救援、自然资源、交通运输、气象以及公安等部门单位启动会商研判机制，提前做好应对可能灾害的应急管理运行机制准备。对于电网线路沿途周边可能因极端天气影响电网运行安全的一些安全隐患，如超高树木、广告牌、活动板房等，要提前进行必要的加固或清理，避免灾害来临时危害到电网运行安全。对于因可能发生的大面积停电而影响到的社会面问题，要提前进行预判，公安交通、市政环卫、供水排水、供电供气供油等部门单位要做好应急值守，加强应急调度和社会面巡查；同时，还要预置部分专业抢险救援力量到一线，一旦发现问题及时进行处置化解。地方政府有关部门要及时向广大群众发布预警信息，告知可能发生大面积停电后的注意事项，及时做好防范和应急准备，最大限度降低可能带来的灾害损失。

2.3.2 大面积停电事件应急响应与救援

大面积停电事件发生后，地方政府要根据停电影响范围和停电户数等实际情况，决定启动相应等级的应急响应，成立大面积停电事件应急指挥机构，上级政府视情排除指导组或工作组赴当地指导抢险救灾和应急救援工作。应急指挥部按照预案规定应成立相应的工作组，涵盖电力恢复、综合保障、社会稳定以及新闻宣传等方面的主要工作。相邻地区或不同行业部门之间的应急指挥机构要进行有效衔接，确保信息渠道畅通，重大事件信息第一时间实现共享，在上一级政府的统一领导下通力协作，协同应对大面积停电可能带来的各方面损失和影响。

（1）及时抢修电网主干网架及设施设备并争取尽快恢复运行。大面积停电事件发生后，电力调度部门要及时调整和安排电网运行方式，尽可能减小停电影响范围。电网公司和相关电力企业要立即开展先期处置，全力控制事态，尽可能避免灾情扩大化并减少灾情可能造成的损失。电网企业立即派出基干队伍抢修受损的重要输电变电设施设备和电网配套设施设备，及时抢修恢复受影响或损坏的主干网架结构和外部供电大通道，按照电力用户重要性有序做好重要电力用户的保电工作。在发生全停的极端情况下，电力企业还要做好孤网运行条件下进行黑启动的各项准备工作并能够尽快成功启动。有关的发电企业要尽可能地确保设施设备的安全，尽快修复可能受损或毁坏的机组，根据电力调度部门的要求有序恢复机组运行。

（2）及时防范次生衍生灾害或事故。重要电力用户在停电后的最初一段时间内要做好电力自保工作，迅速启动自备电源，工业企业特别是石油石化企业以及涉危企业，要充分做好电力供应中断后的重大工艺流程或关键基础设施的断电保护措施，确保不因停电而造成火灾、爆炸或者其他安全生产事故。重要电力用户要建立并维护与电力企业和政府有关部门之间的灾情信息共享和综合协调机制，确保重大灾情信息能够第一时间实现共享。

（3）保障基本民生，尽快恢复城市生命线工程正常运行。供水单位要及时启动应急保障措施，全力保障停电期间的自来水生产和供应。如出现供水短缺，要及时启动应急供水措施，动员各方面力量全力确保居民用水安全。供气供暖部门和单位要第一时间启动应急电源，全力确保系统正常运行，一旦出现气暖中断，要及时启动应急方案，争取在最短的时间内恢复气、暖供应。发改和商务部门要及时组织停电期间生活必需品紧急调配和运输保障工作，必要时动员有关企业开足马力启动应急生产流程，全力确保停电期间居民基本生活物资能够得到必要的供应。

（4）全力维护社会稳定。加强重点部门和单位的安全保卫工作，密切防范和打击停电期间出现的违法行为。强化对繁华地段商业街道、大型居民小区等人员密集区域，大型商场、各类学校幼儿园、医院体育场馆等公共场所以及火车站、汽车站、机场、码头、地铁站等公共交通枢纽和重点场所的治安保障，对于上述地方出现的人员滞留或聚集情况，及时进行疏散，及时解救电梯等封闭空间内可能出现的人员被困情况，防范影响社会稳定的衍生事件发生。加强对城市地面交通的指挥疏导，维护城市交通秩序，开辟救援抢险车辆专用通道，确保电网抢修和重大事项救援行动得到优先保障。重点医疗机构及时启动应急备用电源，确保危重病人以及老弱残孕等弱势群体的就诊需求，如遇紧急情况，应及时对危重病人进行转移，避免因停电而造成大型医院瘫痪的极端情况出现。

（5）做好重点目标安全保护。要全力确保党政军关键部门、大面积停电事件应急指挥机构、通信设施等要害部门和关键设施的应急电力供应，保障城市通信系统畅通，保障大面积停电事件应急指挥机构的正常运转。

（6）做好信息发布和舆论引导工作。大面积停电事件发生后，要按照统一的口径由专门的部门和单位负责，通过新闻发布会、广播电视、手机等多种渠道和途径对外发布信息，做到事件信息及时、客观、准确，并注重对受灾居民的正确引导，提高居民自我防范和自救互救意识，稳定社会情绪。同时，加强网络舆情信息收集和分析研判，及时回应社会关切，澄清不实信息，及时进行辟谣，严厉打击网络造谣和传谣等行为。广播、电视、网络等媒体单位，在停电后应及时启动自备应急电源，全力保障抢险救灾和各种提示、帮助信息能够及时传递到最广大的群众，必要时启动应急广播，在政府和社会公众之间架起沟通桥梁。

(7) 做好极端情况下的灾民安置工作。极端情况下，应急管理部门会同民政、电力、卫生健康等部门，及时启用城市应急避难场所，安置受灾群众。通过各种渠道保障灾民能够及时获取水、食品、棉被帐篷等必要的生活物资，做好卫生消杀等工作，确保大灾之后无大疫。

大面积停电事件发生后，可能还会引发其他领域的次生衍生事件，威胁公共安全，各地区在开展大面积停电应急演练时，应当充分结合自身面临的公共安全风险实际，对停电可能造成的各种损失提前做出预设，按照最坏可信情景有针对性地开展应急任务的梳理。

2.3.3 大面积停电事件后期处置与恢复

电网恢复供电至一定水平（如恢复到灾前水平的90%或95%）时，可根据预案规定进入后期处置与恢复阶段。在确保电网运行稳定且重大隐患和次生衍生事故隐患消除之后，由相应的应急指挥机构宣布终止响应。

大面积停电事件响应终止后，有关指挥机构要指定有关部门按照有关规定及时开展应急处置评估和事件调查工作，总结经验和教训，找出短板，改进工作。事件响应结束后，有关部门要及时开展善后恢复与重建工作，制定恢复重建方案，落实恢复重建资金来源。必要时启动保险理赔机制，严格依法依规开展理赔工作。

2.4 大面积停电事件应急能力及资源需求分析

为确保应对大面积停电的各项应急任务能够得到有效落实，还需要地方政府及其有关部门、电力企业等有关单位全面提升应急能力，并配备必需的各类应急资源。

按照应急能力的要素框架，可以将大面积停电事件应急能力分为软件能力和应急能力。软件能力主要是指已有的制度和管理机制是否适用、组织指挥体系运行是否顺畅、应急管理人员应急管理能力匹配、应急救援队伍抢险救援能力是否到位等方面；硬件能力主要包括电力设施及电网抢险救援装备和应急设备配备情况、应急抢险救援物资储备情况、应急管理平台系统支撑能力等若干方面。

大面积停电事件应急能力要素及资源需求情况分析详见表2-2。

表 2-2 大面积停电事件应急能力要素及资源需求情况分析

能力要素	子要素	要素描述
软件能力	规章制度	（1）有针对大面积停电事件应急工作的相关法规、规章或规范性文件并定期更新。 （2）具有可操作性的大面积停电事件应急预案，预案中的各项措施能够细化并可执行；事件应对过程中可能涉及的各方在预案中均有明确的职责分工，并能够定期组织开展协同演练或保持必要的沟通
	组织体系	（1）预先建立起了大面积停电事件应急指挥体系，并明确了个成员单位和功能小组的职责权限。 （2）应急指挥体系经过培训演练或经过实战检验，运行是有效和顺畅的。 （3）在极端情况下，大面积停电事件应急指挥机构可根据最新灾情变化进行适当的扩容或调整，可满足极端情况（如全停、大范围通信中断等）下的运行需求
	知识培训与预案修编	（1）能够定期组织大面积停电事件成员单位和相关部门开展有针对性的培训，提升各相关方在大面积停电事件中的自我防护水平和有序参与能力。 （2）能够制定并及时修订大面积停电事件应急预案，各成员单位的指挥人员和应急救援队伍之间相互熟识，能够在事件发生后实现无缝对接，各方熟悉各自在应对大面积停电时的核心职责和关键动作
	应急基干分队建设及抢险救援能力	（1）电网企业建立有应急基干分队并定期开展训练，在大面积停电事件发生后具备快速抢修抢险和处置救援的能力。 （2）电力应急基干分队与地方消防救援队伍以及地方公安机关保持密切联络，具备快速协同开展事件处置的能力
硬件能力	电力抢修设施设备及应急电源	（1）能够满足极端天气灾害条件下快速抢修电网主干线路和杆塔的大型专业设备。 （2）配备有高压线路巡线无人机、融冰装备、城市地下电缆巡线机器人等高科技装备。 （3）配备能够覆盖一定范围重要电力用户紧急供电需求的应急发电车若干台。 （4）重要电力用户自备应急发电机配备达到一定的数量。 （5）能够快速协调调度其他电网抢修抢险所需的大型专业装备和设备的能力
	电力应急物资储备	（1）拥有种类较为齐全、数量满足大多数一般规模停电需求的电力抢险应急物资。 （2）具备快速运送应急物资到山区或其他自然条件较为恶劣地区的能力。 （3）建立有生产能力储备机制，极端情况下能够快速找到所需物资的生产厂商
	电力应急平台系统	（1）建立起完善的电力应急指挥平台系统，能够通过平台实现远程调度与指挥。 （2）电力应急指挥平台能够与地方应急管理部门、公安部门或消防救援部门等的指挥平台实现互联互通和信息共享

上述各项能力要素，是基于大面积停电事件可能造成的后果而进行的目标能力分析，即为了达成有效应对大面积停电而应当具备的能力。但现实中目标能力与既有能力之间往往存在一定的差距，这就需要我们按照能力的各个要素认真开展对标分析，找出能力不足或短板并加以改进。通过对比，这些能力要素大致可以分为四种情况：①短时间内可以通过一定措施加以改进的能力不足；②短时间内难以改进的能力不足；③现有能力基本能够达到要求；④现有能力完全胜任甚至存在一定余量。

在实际开展演练过程中，要根据模拟的灾害场景和大面积停电情景进行能力要素分解。例如，台风和地震导致的大面积停电事件，其应对处置和电网抢修恢复等方面的能力要素就会有很大的差别，这些具体的差异化能力要素需要在每一次演练策划阶段便给予充分的考虑，重点关注那些可能需要进一步提升的能力要素，有针对性地设计演练场景和脚本，真正通过演练起到提升应急能力的作用。

2.5　大面积停电事件对应急演练提出新要求

无论是前文对国内外大面积停电事件实际案例分析中反映出来的灾情极端性特点，还是前文对大面积停电情景、任务和能力要素的梳理中反映出来的能力精细化特点，都对未来的大面积停电事件演练工作提出了新的更高要求。

（1）未来演练中要高度关注各种极端灾情情景。从前文对近年来国内外典型大面积停电事件的梳理可以发现，极端自然灾害导致的大面积停电呈现出日益增多的趋势，加之乌克兰电网和委内瑞拉电网大面积停电呈现出来的新特点，这些都对未来我们做好电力应急管理工作都提出了更苛刻的要求。

从事件后果严重性角度看，由于极端大面积停电的发生是一种小概率甚至极小概率事件，很难通过实战来检验应急体系和应对队伍，而且这种检验往往需要付出沉重的代价。因此，这就需要我们未雨绸缪，通过有计划地开展大面积停电事件应急演练，预设各种“最坏可信情景”，提前检验应急指挥体系运行的有效性，检验应急指挥人员和应急救援队伍的应急反应能力，检验应急预案的可操作性。

从事件应对组织指挥体系角度看，极端情况下的大面积停电事件往往都需要成立平行的应急指挥体系，如强台风、地震、滑坡泥石流等极端灾害导致的大面积停电，一般地方政府都需要在成立大面积停电事件应急指挥部的同时，同步成立防台风应急指挥部、抗震救灾指挥部或地质灾害应急指挥部；恐怖袭击导致的大面积停电事件往往伴有其他场所的破坏活动，需要同步成立反恐维稳应急指挥部。这些需要大范围调度各方力量和资源进行应对的复合型、系统性灾害灾难，在当前以部门牵头组织的大面积停电事件应急演练中，很少能够得到较为充分的体现，而未来我们真正面临考验、亟须提升能力的恰恰是这类极端灾害场景。

（2）未来演练方案和组织实施过程要更加科学化、精细化。从对大面积停电事件情景、任务与能力要素的梳理可以看出，开展大面积停电事件应急演练需要根据各地面临的公共安全风险实际情况，在深入开展风险评估的前提下，在详细摸清既有电力应急能力的基础上，科学设计灾害场景，有针对性地预设各项应急任务，通过演练磨合指挥体系、锻炼应急队伍、检验工作流程、优化处置措施，同时通过演练发现机制不足和能力短板，并将结果应用于未来的体系改进工作。

从当前各地大面积停电事件应急演练实施过程看，一般都能做到过程流畅、组织有序，各方配合默契，各种操作和行动“行云流水”。诚然，通过演练熟悉应急流畅、磨合各方组织、锻炼应急队伍是大面积停电事件应急演练的核心目的之一，但是，未来大面积停电事件应急演练还面临“进阶”的需求，通过演练重点发现系统存在的问题和能力上的不足，将成为后续演练工作的重心。因此，大面积停电事件应急演练的组织实施今后将面临日益极端化、精细化和科学化等的考验。

第 3 章

大面积停电事件应急演练现状与特点

随着电力在现代社会工业生产和公众生活中的重要性日益凸显，当前各地对大面积停电事件演练工作越来越重视，特别是自2015年国家和各级地方政府大面积停电事件应急预案陆续修订出台以后，各地根据预案要求和自身需求，有计划地组织实施了一系列大面积停电演练活动，取得了丰硕的成果。在实施这些演练的过程中，各地结合自身实际积极创新，不断探索，逐步形成了主题各异、形式不同、层级不一的大面积停电实际应急演练体系。这为我们从实证角度归纳分析大面积停电事件应急演练的现状和特点提供了丰富的原始素材和一手资料。

3.1 国内大面积停电事件应急演练现状及主要形式

3.1.1 国内大面积停电事件应急演练开展现状

近年来，全国各地、各层级、各类型的大面积停电事件应急演练均有所开展，演练主体趋于多元、演练形式更加多样、演练科目更为全面。

1. 演练主体多元化

从组织实施演练的主体来看，基本上涵盖了当前地方政府的各个层级，既有省（自治区、直辖市）政府，又有市（地、州、盟）政府，还有区（市、县、旗）政府。各级地方政府组织的演练关注的目标和演练任务的要点有所不同，但均围绕着大面积停电事件诱因、发生、发展和结束的逻辑过程，对风险防范、应急准备、监测预警、先前响应、处置救援、舆论引导、响应终止以及恢复重建等全流程各环节任务进行模拟和检验，从而系统提升各参演部门和单位的应急能力。各地通过有计划地开展大面积停电事件应急演练，既检验了各级政府电力应急体制机制的合理性和有效性，又通过演练发现了问题，提出改进措施和办法，逐步形成了电力应急管理工作的长效机制。同时，通过开展大面积停电应急演练，也能够不断提高公众对电力应急工作的重视程度，提升防范意识，增强全社会抵御大面积停电风险的能力。此外，通过演练对事发后的各项关键任务和处置要点提前熟悉掌握，还能够最大限度地减少大面积停电真正发生后可能造成的影响和损失，维护正常的经济社会运行秩序，保障人民生活安定。

在演练过程中，除了参演人员外，还需要大量的演练保障人员为演练组织实施过程提供技术保障，演练方还会邀请电力行业及安全应急等专业领域的相关专家对演练过程进行评估，邀请上级部门、地方政府有关部门和兄弟单位人员全程进行观摩。可见，一场成功的大面积停电应急演练需要演练策划组织方、参演方、观摩方、评估方、保障方等方方面面的力量齐心协力、共同参与方可成功。

（1）省（自治区、直辖市）级大面积停电事件应急演练。省级政府组织的大面积停电事件应急演练一般是以省级应急指挥部为演练主体，省级大面积停电事件指挥部成员单位全体成员参演；同时，在一个或几个地市设立演练分会场，每个地市侧重于某一类或几类灾害情景，这些情景既可能涉及电网本身的险情，也可能是停电导致的次生衍生灾情，还可能涉及社会面问题的处置应对以及舆情引导等。省级大面积停电事件应急演练一般多聚焦于相对宏观的演练目标，通过演练检验省级省大面积停电事件应急预案的有效性及应急指挥机构的处置能力，查找应急预案薄弱环节和存在问题，提高大面积停电事件应急决策指挥效能和应对处置能力。通过演练，检验大面积停电应急状态下省、市、区（县）各级政府之间、政府有关部门之间、政府企业之间以及电力企业和重要用户等多主体之间的协同应急能力，完善应急联动机制。通过演练，检验大面积停电应急状态下各部门、供电企业和企事业单位应急反应和抢险救援及抢修能力，锻炼应急队伍，提高响应速度。通过演练，向全社会宣传电力应急知识，增强公众危机意识，提高公众应急技能。

有的地方以整建制省级大面积停电事件应急指挥部为对象，应急指挥部的成员单位全部参加演练。以省级应急指挥部成立后的实际运行过程为主演场景，按照大面积停电事件发生、发展的时序过程有序展开。在省级指挥部主场景演练的同时，同步与重点受灾城市的市级应急指挥机构及应急处置的现场指挥机构进行互联互通、协同指挥。考察省级指挥部与电力部门专业指挥机构、省级指挥机构和现场实战指挥之间的纵向协同能力。

对于省级政府大面积停电事件应急演练而言，模拟的灾情往往会达到预案中规定的二级大面积停电事件，省级政府根据灾情需要启动大面积停电Ⅱ级响应（或者模拟情景为三级事件，但根据实际处置需要适当提高响应等级），成立省大面积停电事件应急指挥部，以此来检验全省大面积停电应急指挥体系运转的效能。参演部门和单位包括省级政府经信部门、其他指挥部成员单位、省电力公司、地市供电公司以及其他可能涉及的单位等。具体而言，在启动省级大面积停电Ⅱ级响应、成立指挥部的情况下，一般会有省政府分管副省长作为演练总指挥出席，省政府副秘书长及其他副总指挥也会参演，同时，省大面积停电事件指挥部成员单位有关负责人，包括经信部门、能源监管部门、气象部门、能源部门、公安部门、卫健部门、应急管理部门、消防救援部门、通信管理部门、交通运输部门、民航及铁路部门、商务部门、发展改革部门、新闻宣传部门以及其他涉及的部门负责人均应参加演练。除此之外，在省、市各级电力公司的应急指挥中心会设置分会场，有时还会根据演练需要在市地、区县政府应急指挥中心成立大面积停电事件指挥部，分管副市长及指挥部主要成员单位以整建制指挥部参演。最后，根据演练脚本设置若干演练现场，如电网抢修、自来水厂抢修、商场疏散、化工厂等现场。省级大面积停电事件应急演练典型组织指挥架构如图3－1所示。

(2) 市(地)级大面积停电事件应急演练。相较于省级演练,地市层面开展的大面积停电应急演练活动,往往目标更加聚焦和明确。通过演练,检验相关应急预案的科学性、合理性和可操作性,查找相关应急预案中可能存在的薄弱环节和问题不足,为后续改进完善预案提供重要参考依据。通过演练,检验政府有关部门、电力企业、重要用户应对大面积停电事件的应急准备和处置能力,促进各部门、各单位之间的应急协调联动,提高全社会应对大面积停电的反应能力。通过演练,锻炼各级大面积停电事件应急指挥机构和应急队伍,检验应急装备和措施方案,提高突发事件下的应急指挥和处置能力。通过演练,提高社会各界应对突发大面积停电事件的能力,提高全社会处置电网突发事件快速反应、整体联动的能力,增强社会公众和有关企业对电力安全的重视程度,提升应急反应效能和自救互救能力。通过演练,进一步加强和完善电力应急物资设备等资源体系建设。通过演练发现电力抢险救援设备装备、应急发电机车和重要电力用户设备准备等方面存在的短板,有针对性地开展电力应急物资装备储备,全面提升无锡市电力应急设备资源的准备水平。通过演练,进一步强化各部门、各单位对大面积停电事件应急处置流程的熟悉程度,明确各部门和单位在大面积停电事件应对中的工作分工和职责边界,强化各部门和单位对各自应急处置流程中的重大决策事项、关键节点、核心任务、重点事项等的理解和把握力度。通过演练,进一步完善地市电力应急管理工作机制。不断优化电力应急指挥决策、综合协调、信息流转、部门协同、资源调配、政企联动、队伍协作等各项应急管理机制。

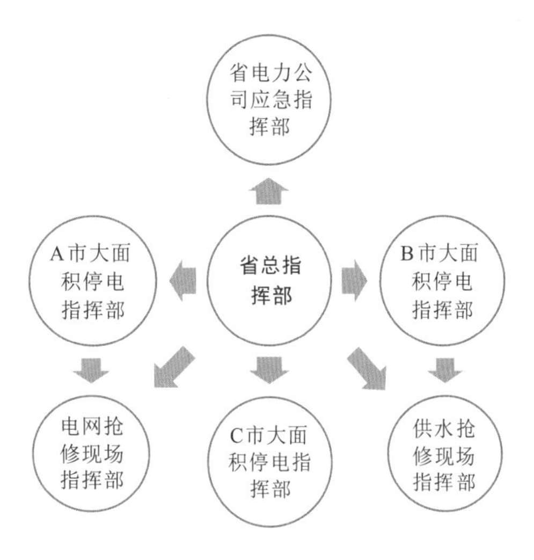

图 3-1 省级大面积停电事件应急演练典型组织指挥构架

市(地)级大面积停电事件应急演练的参演单位一般以市大面积停电事件应急预案中规定的指挥部成员单位为主,演练前由市政府成立演练领导小组,由经信部门或发展改革部门(大面积停电事件指挥部办公室)负责领导小组办公室的具体工作,召集有关单位和部门全程参与演练活动。演练过程中,分管副市长作为大面积停电事件指挥部指挥长参加演练,市政府副秘书长作为副指挥长参加演练。参与部门一般包括经信部门、应急管理部门、发展改革部门、公安部门、民政部门、国资部门、自然资源部门、住建部门、宣传部门、城管部门、水利部门、交通运输部门、卫生健康部门、自然环境部门、气象部门等。地市供电公司作为电网抢修恢复的牵头单位,是演练过程中的核心成员之一,如果涉及相邻地市的协调,省级电力公司有时也会参与演练过程，对地市供电公司进行业务指导或专业指挥。此外，如果涉及火车站、机场、供水、排水、燃气等相关单位，这些机构也会按照需要参加演练过程。

演练根据各地市自身面临的大面积停电风险威胁特点，按照合理的逻辑构建灾害情景，如极端天气、电网故障、外力破坏等各种诱发因素导致电网大面积停电，由此对城市生命线工程、工业企业、医疗机构等敏感脆弱目标带来一系列影响。演练以预设的极端情景作为驱动，考察各有关部门、行业和单位的应急反应。演练过程侧重于对应急流程的检验，演练脚本参照应急预案，按照事态发展的时序维度，着眼于监测预警、前期处置、响应救援以及善后恢复等应急管理流程，按步骤开展分解动作演练。演练一般聚焦各部门的应急联动，考察指挥机构各成员单位间的协同联动能力。在参与单位选择时，一般会根据当地城市社会经济发展实际，重点突出涉及城市运行、公众生活、生产安全、社会稳定等领域的部门和单位。

(3) 市（区、县）级大面积停电事件应急演练。市区县级大面积停电事件应急演练演练目标较为具体，更加贴近实战，侧重检验电力企业和有关部门快速有效处理大面积停电事件、快速恢复生产生活秩序的能力。为了演练组织方便，模拟事件等级多为Ⅲ级或Ⅳ级大面积停电。演练多以大面积停电事件应急预案为核心，依次检验大面积停电应急状态下市区县级各部门、市区县供电企业和有关企事业单位的应急响应速度和救援抢修能力。检验大面积停电应急状态下市区县级政府相关部门、行业监管部门和重点行业企业之间的指挥、协调、配合能力。

参演对象主要包括市区县级大面积停电事件应急指挥部指挥长、副指挥长、办公室以及各功能组的成员单位。演练策划和脚本编写过程中，各方共同参与，根据实际情况和自身工作职责进行充分讨论，最终各方达成一致。演练组织实施过程中，以大面积停电事件应急指挥部成立后的实际运行过程为主演场景，按照大面积停电事件的应对过程有序展开。例如，有的县级市模拟当地受强台风袭击，全市大部出现大风和强降雨天气，电网设施受损严重，造成大面积停电，对全市生产生活造成严重影响。全市电网减供负荷达到应急预案规定大面积停电事件相应等级标准，政府根据灾情需要启动大面积停电事件应急响应，成立市大面积停电事件应急指挥部。各成员单位和市供电公司按照各自职责分工，有序开展电网抢修和应急处置工作。

2. 演练形式多样化

从演练形式看，近年来各地在开展大面积停电应急演练时，进行了很多形式和内容上创新。

有的地方借鉴国外全尺度演练（Full Scale Exercise）的概念，相继开展了大面积停电事件综合性应急演练工作。该类演练一般会同时设置不同的现场处置演练点、前方模拟指挥部、后方指挥部等演练场所，前方与后方之间通过先进的技术手段实现实时指挥链的衔接，有的在现场指挥部还尝试建立现场指挥官制度。该类演练可以理解为集合了前方现场处置实战演练、后方指挥部桌面演练，应急处置、应急决策、媒体沟通与协调联动检验性演练，电网抢修抢险等关键处置环节的示范性或研究性演练的结合体，充分体现了“全尺度”“综合性”的特点。而且，演练过程中往往会采用直升机、无人机、机器人以及电视转播等各种先进技术装备，并配合现场解说、全景展示等配套手段，将大面积停电事件演练的实战环节、指挥环节和观摩点评环节有机结合起来。近年来，各地组织实施的大面积停电事件应急演练，基本均采用不同演练形式有机融合的大型综合性演练，不但能够兼顾各种演练类型的优势，而且能够最大限度地磨合跨层级、跨部门指挥协同机制，锻炼各级各类应急抢险救援队伍。

有的地方采用功能演练、实战演练和模拟演练相结合的方式开展城市大面积停电事件应急演练。

（1）功能演练重点是演练应急预案的实效性、应急指挥的协调性、应急处置的正确性。模拟大面积停电事件发生后，政府应急指挥机构成员单位主要负责人，作为应急管理的“功能”单元，在主会场利用交互式综合应急演练系统平台参加联动演练，根据系统虚拟发布灾害信息，做出决策、指挥，开展资源调配，协同联动处置。灾害信息由后台推送，不动用真实人员和装备，不进行现场处置，所有决策指令由模拟角色虚拟执行。

（2）实战演练重点是检验应急队伍、应急物资等资源的调动效率、组织实战能力及应急处置能力等。通过现场直播形式展现应急处置过程，动用真实人员和装备。

（3）模拟演练重点是增强参演人员的感性认识，弥补功能演练的不足。对部分受演练时间和场地限制，无法同步开展实战演练的代表性场景，采取提前预拍录像方式，通过视频展示应急处置过程。

有的地方采用桌面推演和模拟实战演练相结合的方式，以大面积停电事件的应对为主要内容，重点检验实战能力。对受时间和场地限制，实战演练可能影响正常生产和社会秩序，无法进行的内容采用模拟演练，以保证演练的完整性。以大面积停电事件应急指挥部为演练主会场，同时以下一级电力公司应急指挥中心为分会场，以电网抢修组塔等抢险实地、其他次生衍生事件处置场地为演练现场。主会场、分会场与演练现场之间通过实时通信系统实现互联互通，画面实时传输，指令实时传递，既能够考察不同层级指挥体系和处置现场之间的协同联动能力，又能够兼顾观摩效果。

有的地方演练以整建制指挥部为对象，地方政府大面积停电事件应急指挥部成员单位全部参加演练活动。根据演练需要，部分单位需要安排人员直接参与演练活动，其他涉及事项较少的单位一般会派出人员进行观摩。演练以地方政府应急指挥部成立后的实际运行过程为主演场景，按照大面积停电事件发生、发展的时序过程有序展开。演练通过音视频手段，表现大面积停电事件发生前期、中期、后期的灾情、汇报、处置、救援、恢复的全过程。同时，将其与桌面推演形式相结合，形成模拟事件交互连线的形式，构建总指挥部与受灾现场的互动情景，考察总指挥部与基层单位灾情对接，对社会面事件的应急处置和抢险救援情况进行指导、指挥和重大节点事项决策的能力。另外，演练过程中还会引入单兵通信技术，通过单兵设备现场视频连线的形式，建立总指挥部与电力抢修现场的联络渠道，并对现场抢修做出部署和提出要求。电力抢修现场进行变电站故障抢修的实战演练。通过桌面推演与实战演练相结合的方式，考察总指挥部与电力部门专业指挥机构和现场实战指挥之间的纵向协同能力。为了降低演练控制的难度，最大化保证演练的流畅度和可靠性，演练中还会采用应急演练辅助系统对演练全流程进行总体控制，辅以视频接入、处置信息流接入、单兵通信接入等技术手段。为了使参演人员和观摩人员对演练过程有一个宏观的掌握，对于演练相关的背景信息、演练进度、演练处置动作、演练人员交互等关键内容和环节，安排专门的主持人通过旁白等形式进行介绍。

有的地方采用指挥部现场指挥与实战演练相结合的形式开展大面积停电事件应急演练，不同层级指挥部同步运行，一主多辅、前后呼应。以高层级大面积停电事件应急指挥部成立后的实际运行过程为主演场景，按照大面积停电事件发生、发展的时序过程有序展开。在主场景演练的同时，同步对重点受灾地区的属地大面积停电事件应急指挥机构运行情况、抢险救援和应急处置的现场指挥情况、新闻发布与媒体沟通情况等展开任务训练。并考察地方政府大面积停电指挥机构与电力部门专业应急指挥机构、下级政府指挥机构和现场实战指挥之间的纵向协同能力。采用并以主辅双线程进行控制：主线程采用演练信息指挥系统进行总体流程控制，辅线程采用电视台主持人旁白介绍演练进度。

此外，从演练有无脚本角度，还可将演练分为有脚本演练和无脚本演练。有脚本演练和无脚本演练二者在演练场景发展与进程控制、演练组织难度、演练效果等若干方面都有较为明显的区别。演练场景发展变化方面，无脚本演练因为没有脚本的严格约束，因此可以围绕演练主题和目标，在一定范围内进行实时动态调整，实现多线程、动态联动、多方协同等复杂进程，更能够考验参演人员的临场应急反应能力。演练组织难度方面，有脚本演练一般都是以脚本为基础，按照预先设定好的流程有序推进，无脚本演练则相对复杂得多，对导调人员控制演练进程也提出了更高的挑战，演练进程必须确保情景杂而不乱、有条不紊，同时要对各项演练任务有总体把控，不能“天马行空”。演练效果方面，无脚本演练因为很多情景和任务事先没有详细的说明，参演和观摩人员可能无法从全局上把控整个演练的进程，往往只有导调人员和演练组织人员对演练进程有总体把握，这也对参演人员的理解能力和执行能力提出了更高要求。

3. 演练任务全流程化

从演练流程的角度看，当前国内各地在组织实施大面积停电演练时，一般遵循

“事件情景驱动、按照时序展开、着眼关键环节”的基本原则，开展全过程、全科目演练。演练场景设置聚焦于极端天气或其他诱发因素对电网薄弱环节可能造成的重大影响，以及由此对城市生命线工程、工业企业、医疗机构等敏感脆弱目标所带来的一系列问题和负面影响。演练以预设的极端情景作为驱动，考察各有关部门、行业和单位的应急反应。

以某省大面积停电事件应急演练为例，梳理演练科目的基本情况。演练情景模拟该省沿海地区遭遇超强台风袭击，并伴有局地特大暴雨等极端天气，造成大面积停电事件。沿海多个地市受灾较重，分别出现电网网架结构受损，杆塔倒伏；机场、火车站关闭，大量旅客滞留；商场人员被困；自来水厂停电导致供水中断；化工厂停电出现险情等灾害场景。省政府根据大面积停电事件应急预案规定，启动大面积停电事件Ⅱ级响应，成立省政府大面积停电事件应急指挥部，受灾较重的几个地区分别成立市级应急指挥机构，电网抢修现场、自来水厂抢修现场和化工厂抢修现场分别成立现场指挥部。各级指挥机构有序开展灾情研判、信息报告、会商决策、指挥调度、协调联动和舆情引导、新闻发布等各项应急处置工作。

演练情景模拟强台风在沿海地区登陆，多个地区受到台风严重侵袭，出现大风和强降雨天气，局地发生飑线天气。受台风和强降雨影响，电网发生多发性大面积停电，全省电网减供负荷15%，对生产生活造成严重影响。为此，省政府启动大面积停电Ⅱ级响应，成立省大面积停电事件应急指挥部。演练任务分为预警预防阶段、先期处置阶段、综合响应与应急救援阶段、响应结束阶段。

预警预防阶段的情景主要侧重于检验各有关单位在接到台风红色（或橙色）预警时，各项应急准备工作是否到位。

先期处置阶段的情景设定为台风登陆初期，电网负荷局部开始出现减供，但尚未达到预案规定的响应等级。在此情境下，相关应急力量预置情况、应急物资装备配备情况以及其他相关临灾处置措施的实施情况。

综合响应与应急救援阶段的情景设定为台风登陆后，输电线路受到异物破坏，直流闭锁，造成大面积负荷减供。同时强台风造成大量线路杆塔倒伏损坏，局地出现飑线天气，线路损毁严重，全省范围内的多地大面积停电事件发生，省级应急指挥部成立，相关响应机制启动。与此同时，大面积停电造成大量连锁反应，社会面出现各种险情。自来水供水系统出现故障，居民供水亟须恢复；通信网络出现拥塞，灾区部分移动基站出现故障；商场相继出现停电，造成人群拥挤踩踏；部分公共场所发生电梯困人事件；省内主要机场受台风和停电双重影响航班被迫取消，大量旅客滞留；火车站停电导致大量火车车次晚点或停运，旅客滞留；有医院关键部位发生停电，重症监护室运行和危重病人手术受到很大影响；危化品仓储企业因停电出现局部危险物质泄露险情等。

响应结束阶段设定为省电网负荷恢复到灾前的 95%，台风带来的强降雨基本结束，后续天气预报无更大降水，同时社会面险情全部得到有效控制，无次生衍生事件发生。

按照事故发生的时间序列，电力行业开始实施应急救援，组织故障抢修，恢复电网供电，维护生产安全和社会秩序稳定，防止次生灾害发生的过程。相关部门、单位按照各自预案相继启动应急响应，在省政府总指挥部的统一领导下，有序开展应急抢险和救援行动。同时，同步启动舆情监测，积极引导舆论，通过新闻发布会公布事故处置进展情况，平稳处置突发大面积停电事故。大面积停电事件典型应急演练流程如图 3－2 所示。

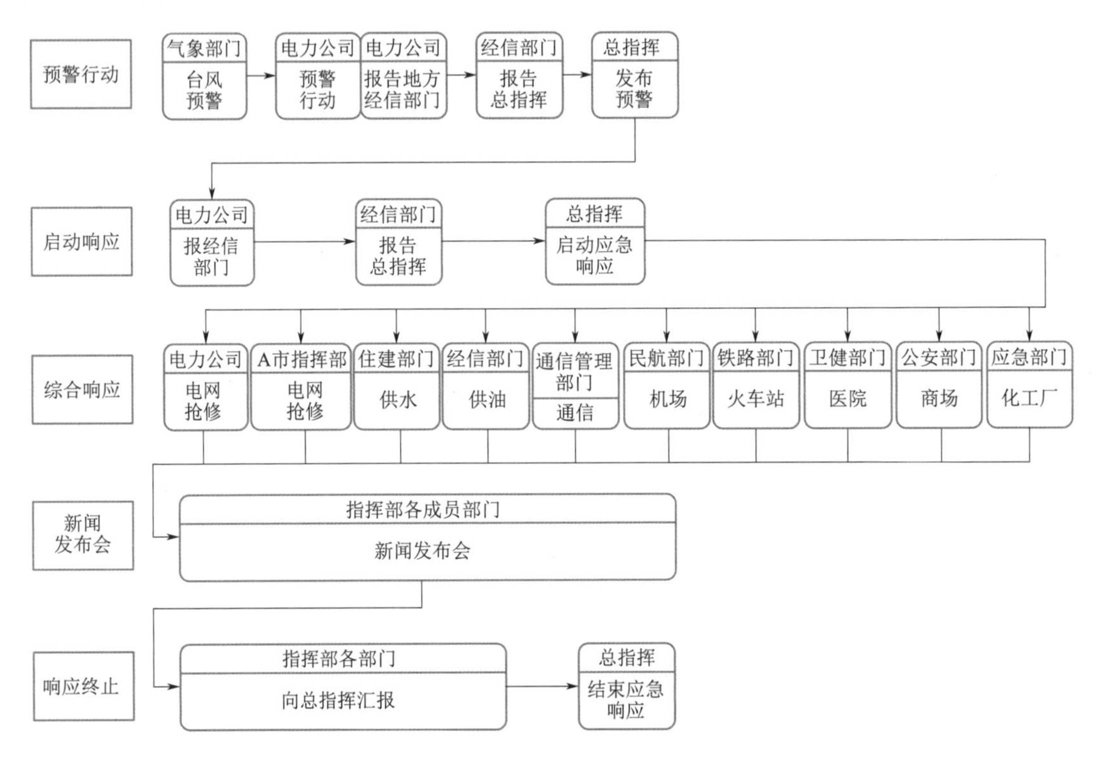

图 3－2　典型大面积停电事件应急演练模拟处置流程

4. 国内大面积停电事件应急演练现状总结

近年来，国内开展的大面积停电事件应急演练呈现出“全主体、全流程、全形式”的突出特点。各级政府、电力企业组织了一系列卓有成效的大面积停电应急演练工作，取得了良好的效果。这些演练的成功举办，为全面提升各级地方政府、各类电力企业、有关企事业单位和广大公众应对大面积停电事件的能力，起到了非常好的推动和促进作用。

各地在遵照《突发事件应急演练指南》基本要求的基础上，依据电力行业有关规定要求，结合电力行业特点和各地安全风险实际，借鉴国际应急演练先进经验，大胆进行创新探索，研究开发并组织实施了一系列的大面积停电事件应急演练实践活动，大大丰富了演练模式，取得了良好效果。

根据应急演练相关理论，按照不同的分类标准，大面积停电事件应急演练可以划分为若干类别。一般情况下，按照演练内容分为综合演练和单项演练，按照演练形式分为实战演练和桌面演练，按照目的与作用可分为检验性演练、示范性演练和研究性演练。不同分类标准的演练互有交叉，可相互组合进行。综合演练一般是指针对大面积停电事件应急预案中的多项或全部应急响应功能，对多个环节、多个单位及其相互之间的应急机制和联合应对能力而开展的演练活动。单项演练一般是指针对一个或少数几个单位，对其在大面积停电事件应急预案或现场处置方案中的特定应急响应功能而开展的演练活动。实战演练一般是指选择或模拟大面积停电事件应急处置涉及的设备、设施、装置和物资以及场所，针对事先设置的大面积停电事件情景及其后续的发展情景，通过实际决策、行动和操作，完成真实应急响应的过程，从而检验和提高相关部门、单位和人员的临场组织指挥、队伍调动、应急处置技能和后勤保障等应急能力。桌面演练一般是指利用地图、沙盘、流程图、计算机、视频等辅助手段，依据大面积停电事件应急预案中规定的职责、程序和要求，对事件情景进行讨论和推演，模拟应急决策和现场处置的过程。检验性演练一般是指为了检验大面积停电事件应急预案的科学性和可行性、应急准备工作的充分性、应急机制的有效性和各相关主体的应急能力而组织的应急演练。示范性演练一般是指为了向观摩人员或有关人员展示应急能力或者提供示范，按照大面积停电事件应急预案规定的流程而组织的应急演练。研究性演练一般是指为了研究和解决大面积停电事件应急决策与处置的重点、难点或新问题，试验新方法、新技术、新设施、新装备、新管理流程等而组织的应急演练。

通过梳理可以看出，当前省、市、县（区）等各级地方政府和电力部门组织的大面积停电事件演练形式多样，演练科目丰富，演练场景逼真，演练成效显著。各级地方政府和电力行业在演练过程中经常采用各种演练形式有机结合的方式，包括桌面演练、实战演练、指挥部演练、综合演练、示范性演练等类型融为一体，起到了很好的检验预案、锻炼队伍、磨合机制、宣传教育的作用。

此外，在演练科目设置上，各地基本上都是参照应急预案，按照事态发展的时序维度展开。演练任务一般着眼于预防准备、监测预警、响应救援以及善后恢复等大面积停电应急处置流程，按步骤开展分解动作演练。演练重点一般多放在各方的应急联动，考察指挥机构的各组成单位之间、纵向府际之间、属地政府与行业监管部门之间、政府与企业之间的协同联动能力。在选取参演单位时，本着符合当地省城市社会经济发展实际特点的原则，重点突出涉及城市生命线运行、生产安全、民生安定等相关部门和单位。

在演练频次方面，各地均能够按照有关预案和规章要求，定期或不定期组织开展大面积停电事件应急演练，如每两年组织实施一次、预案修订后进行针对性演练、组织机构发生重大变更后实施演练等。从各地电力安全与应急工作实践来看，各级地方政府和电力企业对大面积停电演练工作高度重视，大面积停电事件应急演练已经成为提升各地电力应急能力的一个重要抓手。

3.1.2　大面积停电事件应急演练主要特征与要点归纳

归纳而言，当前各地区各级政府和有关电力企业组织的大面积停电事件应急演练呈现出以下若干方面的特点：

（1）当前各地大面积停电事件应急演练工作多由地方政府主导。各级地方政府对大面积停电事件应急演练工作越来越重视，一般都会按照预案要求，作为主体定期组织开展演练活动，有关部门或辖区电力企业作为主要承办单位，负责演练实施具体事项。

2015 年，国务院颁布了《国家大面积停电事件应急预案》，取代之前的《国家处置电网大面积停电事件应急预案》。新版预案明确了大面积停电事件应急处置的主体责任在地方政府。事实上，根据《中华人民共和国突发事件应对法》属地管理的基本原则，地方政府对辖区内突发事件的应急处置负有主体责任。大面积停电事件作为典型的易引发大范围社会面连锁反应的突发事件，由地方政府牵头应对更加符合实践需要，也更顺理成章。实践证明，在大面积停电事件的应急处置中，电力行业主管部门和电力企业难以承担起本该地方政府履行的统一指挥、综合协调和资源调度等宏观职能。为此，各级地方政府高度重视大面积停电应急演练工作，及时转变思路，组织实施了一系列大面积停电演练活动，取得了良好效果。由地方政府作为主体领导组织大面积停电事件应急综合演练，大大拓宽了对停电事件所引发的社会面问题的应急管理渠道，提升了应对大面积停电事件的能力，进一步理顺了地方政府与电力行业主管部门、电力企业之间的应急管理权责关系。

（2）演练场景策划体现了大面积停电事件的系统性、关联性特征。演练情景主要基于对以往发生的国内外重大停电事件的梳理，结合当地的地理气候特点、当地区域电网结构以及当地基础设施布局、城市生命线、工业生产和居民生活、社会面运行等各方面实际情况来进行设计。对于可能发生大面积停电事件的风险以及由此引发的社会面风险，进行全面分析与系统评估，对可能发生事件的初始来源、破坏严重性、波及范围、复杂程度以及潜在影响进行系统归纳，经过精心设计和反复修改，最终形成演练场景。这些演练场景中，次生衍生事件一般会包含以下若干方面：

1）城市基础设施、生命线工程方面。道路瘫痪、地铁停运、机场火车站停运旅客滞留等城市基础设施方面出现问题，水、燃气、供水等城市生命线工程受到影响或无法供应中断，通信基站受损导致区域性通信中断等。

2）社会居民生活方面。停水、停电导致正常生活秩序受到严重影响，医院停电导致就医受到影响，商场超市断电造成居民采购生活必需品受限等。

3）工业生产方面。停电可能导致食品厂冷库、钢厂高炉、制药厂车间等关键部位出现险情甚至引发事故。

归纳而言，这些场景复合型强、关联性强，且高度复杂、处置难度大，可以对大面积停电事件及其后果进行全面系统检验。

（3）演练任务设置应突出检验应急预案、检验指挥部运转效率等核心功能。演练任务一般按照各级大面积停电事件应急预案中规定的监测预警、应急处置（事故报告、启动响应、成立指挥部、处置抢险抢修、协调联动、新闻发布等）、应急结束等各个阶段进行设置。考察不同部门对各自任务职责的理解和执行情况，以及各自在预案框架下的相互协同配合能力。同时，对电力企业而言，还需要启动公司级别的大面积停电事件应急预案，因此，在任务设置时需要统筹考虑指挥部各成员单位、电力企业的差异，设置不同的演练任务。此外，演练过程中可能涉及的城市运行保障单位、城市生命线工程等单位，也要考虑分配适当的演练任务。通过演练，考查在复杂灾情和多层指挥体系面前，各方的协同配合能力和任务落实能力；考查参演部门的应急响应速度是否能够做到准确到位，关键信息的流转是否顺畅；考查各方对突发情景的反应和处置能力。

演练任务一般选取关键节点断面，分阶段逐一实施，典型大面积停电事件应急演练流程如图 3-3 所示。

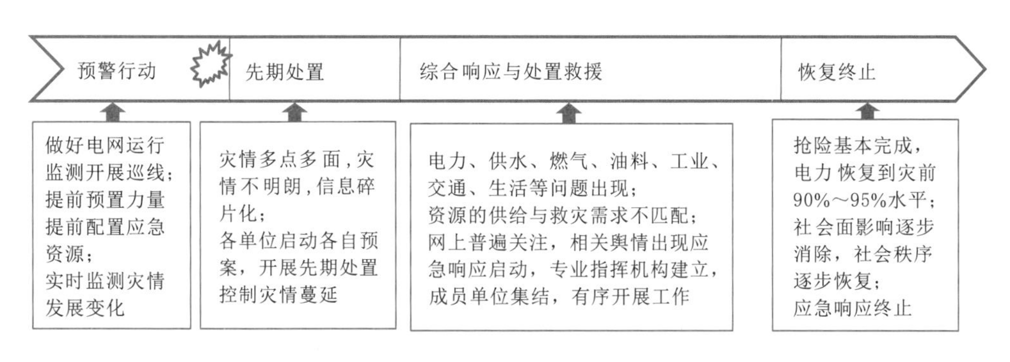

图 3-3　典型大面积停电事件应急演练模拟情景及应对处置流程

演练任务往往会考虑不同层级、不同主体相关预案的衔接问题。包括上下级政府大面积停电预案之间、同级政府大面积停电预案与其他灾害（如台风、强降雨等极端自然灾害）应急预案之间、停电事件预案与其他次生衍生事件预案之间的有效衔接，往往会作为一个重要的考核要点。通过预设信息流转环节、应急资源调度分配、社会动员机制等具体化的任务，来考察地方应急预案体系的有效衔接能力。

此外，演练任务设置往往还会重点考察各级指挥机构的指挥决策能力、协同配合能力和任务执行能力。演练往往采用上级政府大面积停电事件应急指挥部与下级政府大面积停电应急分指挥部、电力公司应急指挥部协调联动的方式，来综合考察各级各类指挥部的高效运转和有效协同能力。考察属地范围内发生大面积停电事件后，地市政府、电力企业和社会有关方面在地方政府指挥部统一领导下的协同配合能力。

（4）演练中电网抢修、次生衍生事件现场处置等实战环节往往是一大亮点。为了突出大面积停电事件的特色，演练一般会专门设置高压线塔组塔、电网抢修复电、线路巡检等现场实战环节。此外，演练中还会重点选取几个停电影响较为突出的社会面问题，如商场停电人员滞留、机场火车站停运或运行降级、水气油料等城市生命线工程正常运行受限、工厂因停电引发次生衍生事故等一系列难点棘手问题，考察参与部门和应急救援队伍处置社会面复杂问题的能力。演练中的实战环节往往强调“真演真练”，突出实战效果。演练中的大多数实战环节科目，事前都要进行充分的模拟实战演练，演练过程贴近实际，任务合理、可信度高。

（5）演练中参演人员本色出演、沉浸角色、真实感强。一般情况下，大面积停电演练需要动用大量人员投入，有的演练参与人员甚至超过1000人次，且这些人员可能涉及地方政府各部门、电力行业、相关企事业单位，此外还可能涉及学校、商场、社区、写字楼、火车站、机场、医院等人员密集场所和敏感脆弱目标。演练过程中，参演人员基本都能按照自己的角色定位，认真投入演练过程，严格履行自身职责。无论是指挥部应急指挥人员、现场处置人员还是电力公司抢修人员，都能够明确自身定位，全情投入演练过程，进行一次零距离的“角色扮演和体验”活动。演练过程中，为了突出实战效果，参演各方完全按照其在大面积停电事件及其次生衍生灾害应急处置中的实际角色全程参与，突出了对各类主体真实应急能力的检验。

3.2 国内大面积停电事件应急演练存在的主要困难与问题

当前，各地成功开展了一系列大面积停电演练，都取得了圆满成功，也取得了很好的效果。但也应当看到，大面积停电事件应急演练工作中还存在一定的困难和问题。

1. 部分单位对电力应急工作的认识仍需进一步加强

从当前各地开展的大面积停电应急演练情况看，还存在部分单位对电力应急工作认识不足的情况。有的单位仍然沿袭了以往对电力应急工作的认知，片面将其理解为是电力行业内部的工作，对整个演练缺乏系统性认识。在演练准备的前期，有的地方在组织大面积停电应急演练时，仍然习惯于将各级电力企业作为演练组织协调和具体实施的主体，但电力企业在演练策划、组织和预演等各个环节很难协调其他政府部门，可能导致演练进程不及预期。因此，大面积停电应急演练必须在地方政府的统一领导和组织协调下，动员各有关部门、电力企业、相关企事业单位积极开展相关准备工作，根据各自职责分工，明确各自应承担的演练任务，准备必要的应急处置物资设备等应急资源，方可确保演练过程进展顺利。有的部门对大面积停电事件危机意识不强，只考虑较轻微停电的情形；有的部门认为本地区本部门不会发生严重的大面积停电事件，应急组织体系和关键物资缺乏必要准备。

2. 各方对大面积停电事件应急职责理解尚不统一

大面积停电事件应急演练活动中涉及的不同主体，如地方政府及其部门、电力企业、能源局派出机构和重要用户等企事业单位，在对电力应急工作的职责权限以及应急协调等关键性问题的理解上还存在不完全统一的地方。例如，国家能源局派出机构是所在地省级大面积停电事件应急指挥部的成员单位，但是，对于其如何有效参与所在辖区地方政府城市大面积停电事件应急演练和应急处置工作，在相关预案中并无统一规定。很多派出机构目前在电力应急方面的主要职责还集中于信息收集与报送，而从电力应急实际工作情况来看，地方政府与电力行业之间的应急协调等关键性工作又离不开能源局派出机构的直接和间接参与。如何对地方政府与能源局派出机构的职责界限做出明确界定，是当前电力应急工作的一大难点，也是此类演练今后明确主办单位、承办单位和参与单位各方之间在演练中所承担工作边界的一个关键点。

3. 演练模拟事件等级普遍较低、考核目标难度不高

从当前各地开展的大面积停电应急演练情景来看，灾情等级设置普遍较低，部分演练情景设计不够充分。除省级大面积停电演练外，多数地区组织的演练灾情设置多为一般或较大等级的大面积停电事件，与极端天气对电网可能带来的实际破坏程度相比，演练模拟的灾情破坏程度较低。此外，有的地方在演练中，对大面积停电可能造成的社会面影响，情景设计内容较为单薄，电网抢修、危化品险情处置、人员密集场所被困人员疏散等场景的演练现场紧张度不够，较为松散，参演人员的现场感和仪式感等方面有待进一步强化。诚然，对于地市和区县组织的大面积停电演练模拟较大或一般等级的灾情，可以省去与上级政府大力烦琐的汇报沟通和指导协调环节。但是，如果忽略了这些巨灾情景的影响，而将主要精力放在一般化灾情的应对上，一旦真正发生影响范围超出本地范围的大灾，往往则会陷入被动应对的窘境。长此以往，应急演练将变成“为演而演”，难以真正发挥其发现问题、暴露短板的重要作用。

很多地市和区县政府组织的大面积停电应急演练，一般启动Ⅲ级或Ⅳ级应急响应，响应等级较低。但是，不论何种等级的场景，前期准备与组织过程中地方都要投入大量的精力。地方政府在准备过程中，必须要对停电场景的关联性和互动性进行认真研究和合理假设，并为演练投入巨大的人力、物力和财力，同时，电力企业和相关单位也会动员大量的应急队伍和人员，投入大量的应急资源。如果应急演练始终停留

在重复这些较低等级情景，那么将会使演练效果大打折扣。

受演练组织主体和演练规模等方面的限制，当前很多地方大面积停电演练的考核目标主要还是以展示各地电力应急处置能力为主，演练目标多数停留在对预案中应急处置流程的熟悉和检验，真正以发现问题、改进不足、提升能力为目标的演练较少。而且，各地组织的演练一般较少考虑超出自身应急职责范围以外的事项，事实上，这些需要不同主体之间密切配合、高效协同的事项往往更具发掘价值。

4. 对脚本依赖度高，“演”多“练”少

当前多数地方组织的大面积停电事件应急演练，对演练脚本的依赖度偏高，“演”的成分偏多，“练”的成分相对偏少，无脚本或“双盲”演练较少见。演练过程展示的基本是按部就班的演练脚本，基于实际行动的检验功能和能力的演练所占比例不多。尽管这样组织演练，观摩效果会很“好看”，也便于展示各级各部门的应急能力，但难以起到“红红脸、出出汗”的效果，甚至让有的参演者和观摩者产生大面积停电事件处置难度不大的错觉，与演练的初衷出现偏差。

很多地方组织的大面积停电演练总体上仍是汇报型演练，弱化了演练的实效性。各参与单位做出的应急响应基本上还都是规定动作。演练中，各项动作大都按预先制订的方案组织实施，演练过程虽然齐全、顺畅、圆满，但组织计划、演练内容、时间节点、实施流程均为既定的，难以体现突发性和不确定性，一定程度上影响了演练任务的真实性和有效性。同时，很多演练在策划之初，即以各参演方圆满完成任务为既定目标。在这一指导思想下，参演各方在演练过程中将工作重点更多地放在了如何更加“漂亮”地完成任务、展示自身实力上，演练对参演各方所带来的冲击和震撼效果不强，主动发现和改进自身在应急能力建设方面问题的动力不足。总体而言，现阶段在我国，汇报型功能演练仍是各地开展大面积停电事件应急演练时主要采取的形式，未能完全体现出无脚本双盲演练的实战性。尽管功能演练对于检验预案功能、展示应急能力、提高社会认知具有很强的推动作用，但是，它与实战型的综合演练尚有一定的差距。长远来看，应当积极探索更加贴合实际、重在发现问题和提升能力的实战型大面积停电事件应急演练模式。

5. 对电力应急协调联动和信息共享机制的检验不够

在应对大面积停电事件时，地方政府主导下的部门联动和政企联动至关重要。但在有的地方大面积停电演练中发现，大面积停电事件应急指挥部成员单位及相关企事业单位应对大面积停电事件的主动性不足，应急协调联动不够。如演练中各部门、各单位的应急处置行动和任务的执行更多地依赖于总指挥部下达的指令和要求，多数情况下处于被动应急状态，原因就在于对演练预设科目中关于信息交互、协调联动等方面要素的关注不够，演练任务量过少。实践中，大面积停电事件的信息报送环节还存在多头上报、数据格式要求不统一等情况；有的部门在横向沟通时候不够及时，渠道不够顺畅，导致信息报送和应急处置有滞后的现象。整体应急协调联动机制虽然已经逐步建立，但距离现实要求还有一定的差距，相关横向协调联动触发协议、保障机制亟待完善。这些有关协调联动和信息沟通等方面的问题在各地组织的演练中涉及较少，重视不够。大面积停电关键信息的报送、交互及共享对成功处置和应对大面积停电事件具有举足轻重的作用，演练过程中有些部门对信息交互的理解不够深入，主动意识尚有欠缺，同时整个信息交互共享的科学性、规范化、信息化距离高效的应急指挥所要求的能力还有一定的差距。

6. 对关键应急资源保障体系的系统考量不足

多数地方人民政府组织的大面积停电应急演练未提前预设应急资源不足的场景和任务，实际上是回避和忽略了关键资源保障无法得到满足这一重要因素。事实上，在大面积停电事件发生后，如何在各方纷纷提出紧急电力供应申请时权衡利弊，果断做出取舍，回应社会关切，才是真正考验地方政府应急决策能力的关键。这就需要地方政府站在全局的高度、从体系化角度考虑关键资源的调配与资源优化问题，保证关键资源的高效利用，从而为有效的大面积停电事件成功应对提供有力保障。

此外，当前多数演练中对于通信不畅甚至中断的严重情形很少考虑。从近年来国内发生的超强台风“威马逊”、强台风“彩虹”等极端自然灾害引发的几次大面积停电事件来看，我国的应急通信网络还非常脆弱，特别是通信网络对电力的依赖度远远高于其他行业。在大面积停电事件中，电力和通信极易发生连锁反应，电力供应一旦中断，往往很快就会引发通信网络瘫痪，通信瘫痪反过来又会进一步影响电力的恢复。

7. 对大量重要电力用户保电能力的短板考虑不多

一方面，从各地对重要用户的自备应急电源情况统计结果看，发电机、发电车或自备应急电源的配置率不高，在发生大面积停电的情况下，大部分重要用户的电力恢复和应急自保能力不容乐观，一些重要电力用户在参与应急演练的过程中表现出对电力企业依赖度过高的倾向。另一方面，各地电力企业配备的应急电源车和应急发电机总容偏低，在大面积停电发生之后、电网全面恢复之前的总体应急保电能力仍然偏弱，且应急发电车输出电缆与发电机组接线形式多样，可能存在不匹配的问题。

重要电力用户自备电源不足与电力企业应急供电设备有限之间，形成了应急电力保障的供需矛盾，这种矛盾最终会导致整个系统电力应急能力的巨大缺失和重大安全隐患。如果一旦发生同时涉及多家重要用户的特大等级的大面积停电事件，这种矛盾将在同一时空凸显出来，造成大范围重要用户电力无法短时恢复和及时保障，进而造成不可逆转的连锁反应和严重的社会负面影响。但是，从各地组织实施的大面积停电应急演练情况看，尽管一般都会涉及重要电力用户保电等演练科目，但对于大范围、多用户同时提出保电需求的极端情况考虑不多。

3.3 发达国家大面积停电事件应急演练概况及启示

3.3.1 美国突发事件应急演练概况

美国在重大突发事件应急演练方面开展了大量卓有成效的工作。美国国土安全应急演练与评价项目（HSEEP）、美国国家应急演练项目（NEP）是美国突发事件应急演练领域最具代表性的两项计划。大体将应急演练分为讨论型演练和实操型演练两大类，各个大类之下又有细分，如图 3－4 所示。应急演练大致分为以下四大步骤：

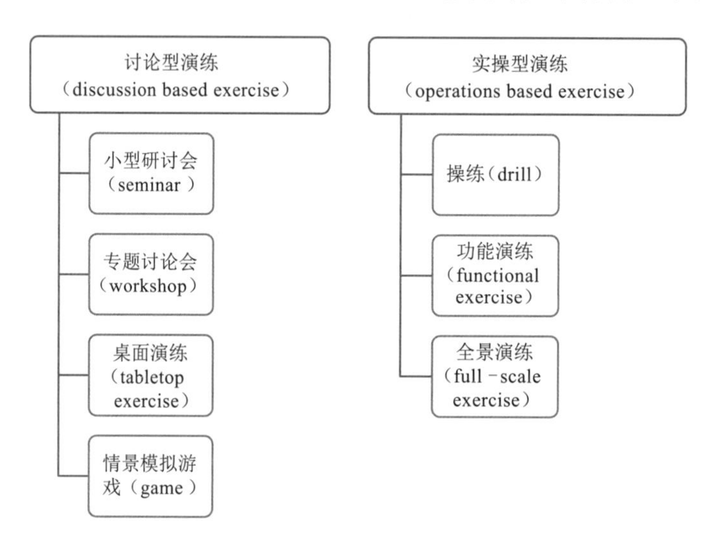

图 3－4 美国应急演练的主要方法和模式

（1）演练总体规划。主要是根据演练对象应急能力提升的需求，开展演练策划、应急能力评估安排、设置演练预期、制订年度演练计划等。

（2）演练方案设计。主要涉及目标设定、演练脚本设计、应急演练评估指南以及演练前培训，其中，演练目标设置要基于能力分析和重任务设定。

（3）演练实施和评估。主要有脚本导入、应急能力评估表、演练组织、演练活动完成、演练评估等。

（4）演练总结。主要是对演练过程进行总结，发现演练中的问题并提出改进建议。

应急演练在美国被视为基于能力的应急准备工作的核心内容之一，主要是基于情景构建方法进行设计、组织、实施和评估。一般是按照“情景构建—任务设定—能力改进”的核心逻辑来设计演练框架，编制演练脚本，组织实施演练并对演练进行科学评估。美国《国家应急规划情景》共构建了 15 种典型场景，提请联邦政府和各州及地方政府高度关注，协同应对。这些情景均为典型的复合型、复杂化的非常规突发事件，内容涵盖了各种类型的严重恐怖袭击、大地震、飓风、流行性疾病以及网络攻击等极端场景。美国应急演练用于应急准备的主要流程见表3-1。

表3-1　美国基于能力的应急培训和演练步骤

步骤	主要活动内容
1	检查相关战略和政策，根据这些战略和政策从《目标能力一览表》（TCL）中找出需要培训和演练的重点能力
2	为设定的培训、演练项目制定周期数年的培训、演练计划与时间表
3	根据上述时间表开展旨在提高重要目标能力的计划培训项目
4	为评估通过培训培养的重要目标能力水平组织相关演练
5	采用“进阶”方式逐级提高演练任务的复杂性和难度（例如：桌面演练→小规模操练→全面演练），目的是逐步提高各项目标能力水平
6	在演练过程中用《国土安全演练评估计划演练评估指南》提供的各项目标能力的评估标准实施能力评估
7	每年根据新情况以及演练中吸取的经验教训对周期内的培训演练计划进行修订更新

目前，美国联邦政府层面开展的重大突发事件应急演练工作，对于电网场景的关注较少，专门针对大面积停电事件的演练尚未见诸报道。而从实践来看，美国历史上已多次发生大范围停电事故，对各地公众造成了严重影响。特别是2021年2月，美国得克萨斯州大面积停电，造成433万用户断电，居民生活陷入无电可用的窘境，至少10人在此次灾害中遇难。事件主要是因为极寒天气引发，2021年2月初，得克萨斯州遭遇罕见极寒天气，气温骤降导致居民采暖需求大增。而以电采暖为主的采暖方式反过来又导致极寒天气时用电负荷激增，电网电源在极端天气下出力不足，导致供需失衡，发生大面积停电。再加上得州电网为独立电网，极寒天气下孤网运行，难以在短时间内获得外网电力支援，最终酿成惨祸。数次大面积停电事件说明，未来美国联邦政府面临的大范围停电风险较高，必须通过应急演练等多种形式进一步加强联邦政府应对大停电的能力。

3.3.2　德国大面积停电事件应急演练概况

德国联邦救灾署（THW）基于巨灾情景分析，自2004年起每1～2年定期组织一次联邦范围内的大规模突发事件应急演练项目——跨州联合战略危机管理演练（LUKEX）。演练从策划到实施再到评估过程大概要持续2年时间，有的大型演练单是策划过程就需要耗时一年多的时间，需要参与的各方实现经过充分的研讨，确定最终的演练脚本和演练方案，各方进行充分的准备后组织实施演练。演练过程完全按照联邦政府有关部门、各州政府及其部门实际处置类似事件的工作流程展开，采用“长线程”“全要素”的模式进行，即将演练过程完全融入各个部门的工作，其间模拟假想事件发生后各部门如何进行应对处置和相互协调。演练完全以模拟事件从发生、发展到控制恢复的全过程按照时序展开，由于各项任务是“嵌入”到日常工作中的，因此，有的大范围、大规模演练耗时要达到数月甚至半年之久。

德国 LUKEX 项目第一次组织的跨州联合演练，其核心情景便是大面积停电，可见对电力安全和应急工作的重视。演练构建的场景为：德国遭遇极寒天气，输电线路高压线出现大范围覆冰，继而引发线路跳闸等故障，造成大面积停电事件，由此引发了交通、城市生活、基础设施、卫生服务等若干方面的次生衍生事件，对社会秩序造成破坏；同时，停电后有恐怖分子使用有毒化学物质实施了恐怖袭击，引发大范围的社会恐慌。

演练从交通设施、基础设施、人-动物-环境、工业、组织、日常生活、卫生服务 7 个大的方面，对大面积停电后可能造成的影响进行了全方位梳理，模拟设置一系列的演练任务，对德国联邦及州政府、各类组织机构等应对大面积停电的能力进行全方位检验。德国跨州应急演练（大面积停电事件）情景要素分解情况见表 3-2。

表 3-2　德国跨州应急演练（大面积停电事件）情景要素分解情况

情景大类	情景子类	情景要素
交通设施	公路	（1）公路指挥系统瘫痪。 （2）城市和道路照明瘫痪。 （3）交通混乱与拥堵。 （4）行车人员被困、受冻。 （5）司机对救援车辆的警报注意不够
	铁路	（1）因高压线路停电导致火车停运。 （2）旅客滞留。 （3）通信基础设施瘫痪。 （4）铁路运营瘫痪。 （5）信号设备瘫痪
	民航	（1）机场备用发电机供电能力有限，机场正常运营受限。 （2）旅客滞留。 （3）机场关闭
	其他	（1）一段时间后水闸和吊桥失灵。 （2）其他交通设施受损
	副作用（此处是指交通设施受损可能带来的“副作用”）	救援行动、物资运输等措施因道路设施受损而进展缓慢

续表

情景大类	情景子类	情景要素
基础设施	电力	(1) 变压器受损。 (2) 电厂受损无法正常发电。 (3) 输电线路、电网受损
	通信	(1) 因急救报警电话激增，通信网络超负荷。 (2) 一段时间后公众紧急救援电话无法接通。 (3) 通信网络中断。 (4) 移动运营商中继站瘫痪。 (5) 电视、网络和广播中断。 (6) 大部分新闻报道被迫取消。 (7) 未备份数据丢失，数据处理设备受损。 (8) 网络信息安全系统瘫痪而无法保证数据保护。 (9) 电池可以支持无线电设备 3 小时，之后必须使用应急供电。 (10) 告知民众有关信息变得困难。 (11) 最晚 8 小时后固话中断，2 小时后移动网络瘫痪。 (12) 通信中继站断电，无线电中断
	住房建筑设施	(1) 烟道、消防水泵和自动喷淋装置瘫痪。 (2) 无法从输油管道抽取油料。 (3) 因停电或电压不稳造成远程供暖/供水管道爆裂。 (4) 库存燃料无法进行运输。 (5) 因加油站油泵瘫痪造成燃料短缺。 (6) 排水系统瘫痪（抽水泵无法工作）。 (7) 高层住房供水瘫痪。 (8) 自来水厂瘫痪（部分水厂可提供 24 小时应急供电缓冲）。 (9) 污水处理设备瘫痪。 (10) 电梯停运。 (11) 天然气供应瘫痪。 (12) 农村地区的房屋受损要多于城市。 (13) 工业设备和高层建筑的应急照明瘫痪。 (14) 部分警报器等警报系统瘫痪（少量装置可短暂得到应急供电保障）。 (15) 停车场瘫痪。 (16) 自动门设备瘫痪。 (17) 防火门自动关闭。 (18) 部分志愿消防队无法得到应急供电保障

续表

情景大类	情景子类	情　景　要　素
基础设施	其他基础设施	（1）公共基础设施服务瘫痪。 （2）垃圾收集受限。 （3）无法清除垃圾，同时产生大量新垃圾（冷冻食品融化和腐烂等）。 （4）电子汇兑和国际证券交易停止。 （5）公立学校、图书馆和机关关闭。 （6）应急指挥中心需要应急供电（灾情图、危机管理、信息管理系统、警报）。 （7）电灯、暖气和空调无法使用。 （8）住宅区使用蜡烛增多导致火灾数量增多。 （9）食品加工企业瘫痪。 （10）因空调停止导致计算机设备过热。 （11）发电厂再启动之后因大量用户同时用电（如所有人希望同时做饭），导致电网再次瘫痪
人-动物-环境	人	（1）部分人员因寒冷或因停电无法取暖而出现死亡，一些人员受伤，大量人员受灾。 （2）火车站、机场、短途运输以及受到影响的高速路上人员滞留。 （3）可能出现大量“失踪”（无法联系到）人员。 （4）处于公共活动地点的大量人员无法及时离开。 （5）民众中的恐惧和不安全感。 （6）囤积购买，特别是基本食品。 （7）大量城市居民涌向农村地区。 （8）高层建筑的人员疏散出现困难。 （9）宾馆人员（含部分外宾）疏散。 （10）因经济生产停滞造成失业。 （11）因为燃料短缺，短途交通中断，人们无法正常工作。 （12）地铁中人员被困。 （13）可能出现无政府状态
	动物	（1）动物园中动物出现死亡。 （2）挤奶无法正常进行导致牛奶厂内大量奶牛死亡。 （3）过冷/食物腐败或短缺等造成养殖场大量动物死亡。 （4）大量动物被连续扑杀。 （5）动物尸体被焚烧。 （6）投喂饲料设备瘫痪。 （7）电子家畜篱笆失灵（多是电池操作）

续表

情景大类	情景子类	情 景 要 素
人-动物-环境	环境	(1) 因停电导致的工业事故而造成土壤污染。 (2) 因停电导致的工业事故而造成河流的污染
工业	工业	(1) 化工厂出现失控反应。 (2) 突然断电可能导致炼钢高炉过热，长时间过热则可能引发爆炸、火灾、污染物扩散、环境污染，可能受影响人员的逃生与疏散。 (3) 工人长时间停工、机器长时间停止运行。 (4) 再次投入生产需要时间，生产遭受巨大损失。 (5) 设备调节装置瘫痪
组织	分配	(1) 德国境内大多数应急供电设备的燃料储备仅能支撑12～48小时。 (2) 油料供应不明确。 (3) 燃料供应不明确。 (4) 现金的分配可能出现问题。 (5) 食物和水的分配可能出现问题。 (6) 对紧急供应物资的安排可能出现问题
	请求	(1) 请求邻县和其他市的支援。 (2) 请求专区政府和内政部应对危机指挥部提供灾情报告。 (3) 请求大型工业企业提供应急供电。 (4) 媒体高度关注事态，来自媒体的压力增大。 (5) 企业请求金融信贷未获支持。 (6) 民众对亲人下落的询问
日常生活	消费	(1) 自动取款机瘫痪。 (2) 银行保险库有限情况下可以打开。 (3) 家庭食品烹调器具有限情况下可用。 (4) 报警设备瘫痪，需要更多的安保人员。 (5) 可能会出现入室盗窃和抢劫。 (6) 超市关闭：收款台、暖气、冷冻设备、灯、自动感应门无法工作。 (7) 日常必需品供给受限（物流仓库）。 (8) 食品无法冷藏和冷冻保存
	其他	(1) 民众失去对国家的信任和对经济的信心。 (2) 示威游行。 (3) 抢夺个人备用供电设备。 (4) 关闭公共场所，看守供给设施。 (5) 救援人员、医生以及其他不确定人员（长期）的住宿。 (6) 供电恢复后的民众不满情绪

续表

情景大类	情景子类	情　景　要　素
卫生服务	卫生服务	（1）医疗保健服务被迫后延。 （2）暴发瘟疫的风险。 （3）抗感染药物需求增加。 （4）组织预防接种。 （5）传染病专业实验室的运转受限。 （6）很难或根本联系不到医生，急诊瘫痪。 （7）只有大型机构内的医疗器械能够运转，家庭医生的医疗器械无法使用。 （8）社区医院运转停滞。 （9）让尽可能多的医院病人提前出院变得困难，因为他们家中没有灯/暖气/电话/电/水，需要回到医院。 （10）换气系统瘫痪。 （11）制冷系统和高温消毒失灵。 （12）因电梯停运无法运输病人。 （13）医疗高温消毒仪器的高耗能系统不能或有限运转，后果：无法进行手术。 （14）专业高耗能仪器瘫痪或受限，对仪器要求高的重症监护室（ICU）可能无法使用。 （15）医院内的洗衣房因停电无法正常工作。 （16）洗衣机停止工作，病人/养老院/护理中心的供给受到影响。 （17）护理中心/医院内部报警电话系统瘫痪。 （18）血液透析中心瘫痪。 （19）血库运营受限，为事故伤员进行急救所需的血液供应瘫痪。 （20）实验室样本无法运输。 （21）空中救援和空中运输无法进行。 （22）救助组织资源受限，有关人员无法实现正常换班/轮班。 （23）病人使用的制氧机等医疗器械无法正常工作。 （24）为病人提供的上门送餐等相关服务停止

3.3.3 对我国开展大面积停电应急演练的启示

通过对美国突发事件应急演练和德国大面积停电演练等相关情况的分析可以看出，发达国家普遍较为重视应急演练工作，从联邦政府层面往往都会制定较为详尽的演练规划和年度演练计划，并严格依照计划执行。例如德国跨州演练从制定计划、方案策划、相关各方沟通研讨、确定脚本、动态组织实施到演练结束后的评估，一般是至少需要一年以上。这启示我们，未来要制定大面积停电应急演练长远规划和远期目标，按照年度对目标进行分解，有计划、有步骤地进行情景设计和任务梳理，并严格按照计划开展演练。假以时日，定会形成一整套、系统化的符合国情、有很强针对性的演练情景组和任务组，并能够从根本上提升地方政府及相关部门、电力监管部门、电力企业、重要电力用户以及广大社会公众共同参与电力应急工作的能力。

欧美国家的应急演练工作往往是一系列演练形式的集合，且各种演练类型往往是进阶式的。这其中，既包括指挥部层面的桌面演练，也包括部门层面针对具体事项和任务的功能演练，还包括操作层面针对事件进行处置的实操演练，而从演练整体上看，模拟事件的情景高度复杂，参与方众多（包括联邦政府及其部门、州政府及地方政府、社会组织），演练任务多线程同步展开，是典型的全景式演练。

我们还看到，情景构建方法已经成为欧美国家开展应急演练的主流方法。“情景-任务-能力”构成了情景构建的“三部曲”，在该方法中，假想事件情景是第一步，与以往“大而化之”的事件情景设定不同的是，情景构建方法强调事先想定情景的典型性、复杂性和极端破坏性，突出对“最严重后果”的关注，是通过一定的逻辑将各种灾害后果有机融合成为“最坏可信情景”，是一系列严重后果的情景组合。为最大限度避免或减轻最坏可信情景可能造成的损失，各相关主体必须提前做好充分的人力物力和资源准备。在假想情景的基础上，各方共同讨论，提出风险防范、预防、应急准备、监测预警、应急响应、处置救援以及恢复重建等各环节上的关键任务，并形成关键任务列表。在演练中，重点对关键任务的达成情况进行考察，目的是通过演练发现能力短板，找出既有能力与预期目标能力之间的差距，将演练结果应用于未来应急能力的提升过程。这启示我们，今后在开展大面积停电应急演练时，应高度关注“最坏可信情景”带来的急难险重任务需求，以及由此带来的对应急能力的苛刻要求。各方应急能力只有通过了“最严重情景”和“最苛刻任务”的考验，才能填平既有能力和目标能力之间的鸿沟，才能在事件真实发生时自动转化为现实的应急能力。

第 4 章

大面积停电事件应急演练基本流程

4.1 大面积停电事件演练策划与准备

开展大面积停电事件应急演练的第一步，是进行周密的策划和准备工作。演练策划前期必须明确演练的主要目的、期望通过演练解决的问题及预期目标，并据此制定详细的演练计划，经过批准后的演练计划是演练实施的重要依据。演练计划制定完成后，需要对演练进行充分准备，包括参演人员与应急队伍，演练需要用到的各种设施设备、物资，以及为确保演练顺利开展所必需的资金保障等各方面的准备工作。

4.1.1 大面积停电事件演练策划与方案设计

1. 大面积停电事件演练策划

演练策划工作应安排具有丰富大面积停电应急演练项目经验的电力行业和应急管理等方面专家，进行调研工作，详细了解各方主体对于演练的想法和需求，并提出建设性意见，最终就演练整体策划达成一致。演练策划阶段需要协调演练活动涉及的所有参与方，各方在充分沟通的基础上，形成整体合力，确保演练活动的按时、保质、顺利进行。演练策划方案确定后，一般应形成文字材料，包括编制演练策划方案、编制演练手册、编制各项演练筹备期内的工作要点以及其他各项与演练相关的文字材料。根据规划，制定大面积停电演练具体计划并报演练领导小组批准后，作为演练实施的重要依据。

演练计划要在开展大面积停电事件风险分析和预案研究的基础上提出，并应明确演练需要锻炼的电力应急管理人员及应急基干队伍、提升的电力应急能力、检验的电力应急相关设施设备、完善的处置流程和明确的职责分工等具体内容。演练计划要明确演练的范围，根据大面积停电事件应急演练需求以及经费资源等限制条件，确定演练的类型、等级、区域、参演机构及人员等关键内容，并应明确演练的日程计划和所需的应急资源等内容。

2. 大面积停电事件演练方案确定

大面积停电事件应急演练应设计较为具体的演练方案。演练方案应包括简单、具体、可量化、可实现的演练目标，并在演练方案中有具体的相应事件情景和演练活动相对应，且在演练评估中有相应的选项作为考核项目。

演练方案应设计大面积停电事件的一系列场景清单，包括事件发生发展的进程、造成的电网及电力设施设备损失、次生衍生的社会面问题及其后果、需要的人力物力资源和预期的应急行动等关键情节要素。演练方案还应包含应急演练的范围、规模及时间，参演单位和人员主要任务及职责，演练筹备工作的内容，演练的主要步骤以及演练的技术支撑及保障条件等内容。演练方案还应设计评估标准及评估方法，包括定性/定量评估量表、演练过程记录等内容，具体评估方法可采用电力应急专家评估、相关专业评估软件系统评估或二者结合评估。演练方案要有文件支撑，包括演练手册、控制指南、评估指南和宣传方案等。

演练一般应设计演练脚本，作为开展演练活动、控制演练进程的重要依据。演练脚本是对演练计划、演练方案的具体细化，一般至少应包括模拟的大面积停电事件场景、处置行动、执行人员、指令与对白、演练步骤及进程、视频与字幕、解说词等。

演练策划环节还需要明确演练的主要目的和原则。通过预设演练目标，才能有针对性地开展后续的情景构建和任务分解等演练核心工作，并通过设定演练原则来对整个演练流程进行全局把握和过程掌控。

3. 大面积停电事件演练的主要目的

大面积停电事件应急演练的主要目的一般应至少包括以下若干方面：

（1）检验大面积停电事件应急预案的效能。发现各级各类大面积停电事件应急预案中存在的问题，提高应急预案的科学性、实用性和可操作性。

（2）锻炼电力应急队伍的应对处置能力。增强大面积停电事件应对各相关单位对应急预案的熟悉程度，提高大面积停电事件应急决策指挥机构及其组成部门、电力部门应急基干分队、其他相关应急救援队伍有效应对和处置大面积停电事件的能力。

（3）磨合大面积停电事件的各项应急管理机制。完善各相关部门、单位以及各岗位人员在大面积停电事件应对中的职责，熟悉应急预案中规定的事件处置流程等各项应急管理机制，提升政府及其部门、企业、社会、公众等不同主体间的协同配合、信息共享和危机沟通能力。

（4）宣传普及大面积停电事件相关应急知识，提升全社会的认知水平。提高参演和观摩人员的风险防范意识和自救互救能力；普及大面积停电事件的应急管理相关知识，提高政府有关部门、电力企业、有关单位和企业、社会公众对大面积停电事件的认识水平，提升全社会共同防范和应对大面积停电事件的能力。

（5）完善大面积停电事件的各项应急准备措施，提升各类应急资源的逐步水平。完善大面积停电事件的各项应急管理措施和应急处置技术，及时补充和配备相应的应急设施、设备以及应急装备、物资，提高大面积停电事件应急准备体系的可靠性和冗余性。

4. 大面积停电事件演练的基本原则

大面积停电事件应急演练一般应符合以下各项基本原则：

（1）以应急预案为依据，符合相关法规规定。大面积停电事件应急演练是专门针对大面积停电事件而开展的演练，各级政府、各单位的大面积停电事件应急预案是有序开展演练的关键性依据，也是制定演练计划、策划演练场景、设计演练任务、安排演练活动的基础。同时，大面积停电事件应急演练必须符合国家的相关法律、法规、规章、标准和规范性文件的要求，在上述法规规定的框架内开展演练活动。

（2）以实际工作为基础，合理确定演练框架。结合大面积停电事件的特点，密切联系电力应急管理现状和各主体工作实际，根据预设的演练目的和电力应急资源条件确定演练类别、演练场地、参演人员规模等关键要素。

（3）以提升能力为导向，注重演练实效。以提高政府及其部门、电力企业、社会有关单位、公众等各方协同应对大面积停电事件的能力为目标，针对应急决策指挥、综合协调、处置救援、快速恢复以及实战应对等各项核心能力，组织开展应急演练。同时，注重对演练过程和效果进行记录、评估和考核，总结推广经验，着力提升各项应急能力。

（4）以确保安全有序为底线，精心组织实施演练过程。精心策划演练科目，科学设计演练内容及流程，周密组织并稳妥实施演练过程，预先制定确保演练过程稳妥、参演及观摩人员人身安全、相关设施设备可靠的演练方案，全面确保演练安全。

4.1.2 大面积停电事件应急演练准备与保障

大面积停电事件应急演练正式开始之前要对参演人员开展必要的动员和培训，以确保所有参演人员能够准确理解和掌握演练规则、演练情景、自身职责，并具备完成演练各个环节所必需的各项基本知识，掌握演练所需的基本方法和相关工具、系统、平台等的使用方法。特别是可能涉及电网抢修现场等有一定专业性和危险性的场所，必须提前对有关电力企业应急基干分队进行演练任务说明，做好各项防护措施。此外，如涉及城市市区内的商场、公共体育设施等人员密集场所人员疏散等演练科目时，必须由地方政府有关部门牵头，提前对参与人员进行风险告知，提前熟悉路线和可能出现的危险，避免因参演人员对环境不熟悉而造成的大量人员拥挤风险。

演练应确保完成各项预设任务所必需的人员、经费、场地、物资、器材及通信等方面的保障。其中，人员保障一般应包括演练领导小组、总指挥、总策划、文案人员、导调控制人员、评估人员、后勤保障人员、参演人员、模拟人员、观摩人员等。场地保障一般应包括指挥部或指挥中心、实战或模拟情景场地、人员及救援车辆等设备的集结地点、物资供应点、人员救护点以及其他必要的地点。物资和器材保障一般应包括信息材料、软件系统、物资设备、通信器材、情景模型设施等。演练所需经费一般由演练组织单位或其指定的单位负责保障，并符合有关经费使用规定。

演练过程中要做好演练场地和参演人员的安全保障，并制定必要的紧急疏散或撤离预案，确保所有参演人员和演练过程的安全。演练过程中一旦发生可能危及参演人员人身安全的突发紧急状况，演练组织方应采取必要的应急处置措施并迅速组织人员撤离现场，参演人员应服从组织方的统一指挥和安排。

具体而言，为大面积停电事件应急演练所开展的各项准备活动包括但不限于以下若干方面：

（1）演练辅助控制系统准备。为保证演练活动的流畅性和技术先进性，最好配备或租赁演练辅助控制系统并进行系统的安装、调试。

（2）其他演练需要的系统准备。根据演练脚本的需要，除演练辅助控制系统外，可能还需要准备各种视频会议系统、大屏控制系统、单兵通信系统或直播车直播系统等。根据大面积停电的特点，结合演练目标任务，对各系统提供服务方进行指导协调和沟通，组织安装调试各自系统，并最终完成多个系统的联合调试和数据接口调试，以确保达到演练的最终效果。

（3）演练控制练习。组织演练控制人员进行演练活动控制练习，包括音视频信号切换控制、大屏切屏控制、演练辅助系统控制、单兵通信系统控制等。通过多次反复的练习，提高演练控制的熟练度，确保最终演练活动顺畅进行。

（4）演练活动视频准备。为增强大面积停电演练情景效果和灾情表现力，可以在演练活动中穿插视频播放。视频可通过视频提供商进行实地拍摄获取，也可通过对以往相关视频资料进行剪辑等后期处理方式获取。

（5）直播工作准备。为增强演练活动的实战性，演练活动可能会用到单兵系统或直播车搭载的直播系统，对处置现场的处置情况进行直播，并与演练会场进行互动。各方就直播画面和信号传递要求进行充分磋商，确保最终的直播效果达到各方预期。

（6）演练会场准备。一般情况下，大面积停演练都会包括指挥部演练，同时还要安排大量的现场观摩人员，因此，需要选择较为空旷的合适演练场所作为主会场。同时还要综合考虑演练主会场、分会场、处置现场、参演人员及观摩人员接待场所等多个场所之间的衔接。

（7）服装道具及设备准备。演练一般需要为参演人员、导调人员、专家、媒体人员、观摩人员、技术保障人员分别提供专业的演练服装，并用不同颜色加以区分，以突出各自身份特征。此外，演练需要的硬件设备和演练道具还包括：演练活动多个系统正常运行所需要的服务器、台式机；模拟事件汇报所需要的电话、传真、步话机或其他通信设备；音响系统、调音台、屏幕控制器；话筒、摄像机（云台）；横幅、水牌、导引牌、宣传牌、桌椅等。具体的硬件设施设备一般根据演练活动策划方案来最终确定。

4.2　基于情景构建方法的大面积停电事件演练情景设计

情景构建方法是美国在“9・11”事件后提出的一种开展应急准备的方法，在应急演练、应急预案修编、应急准备开展等方面日益受到各国应急管理理论界和实务界的重视，并在欧美国家得到了广泛应用。当前，我国北京、广东等地也逐步引入情景构建方法，并将其应用于应急演练和预案修编等应急准备关键环节。

基于情景构建方法开展大面积停电事件应急演练的主要目标，是针对大面积停电事件及其引发的次生灾害，梳理出若干项存在重大决策困境的核心任务，对参演人员开展大面积停电应对处置演练，通过演练不断提升参演方的应急处置能力。其主要步骤遵循“情景-任务-能力”三部曲的核心逻辑来设计大面积停电演练总体框架、编制脚本，组织实施演练活动并对各项能力进行校验和评估，即先设计演练情景，再设定演练任务，最后通过任务完成情况来检验和提升应急能力。首先，按照大面积停电事件发生、发展、演变的客观规律，突出各地区和电网网架结构所面临的风险特点和主要威胁，借鉴以往国内外发生的典型大面积停电事件情景，从“最坏可信情景”出发，科学设计假想的大面积停电场景。其次，基于假想的大面积停电场景，按照应对此类极端事件“极限资源需求”来设置演练任务，通常会按照大面积停电事件真正发生后的应急处置流程来对各阶段任务进行分解。将这些任务按照一定的逻辑关系内嵌于大面积停电演练过程，在适当的时候抛出并由参演人员有序完成。最后，通过对演练过程中各项任务达成的情况，来检验大面国家停电应急能力体系中各个子要素的匹配情况。如果演练过程中各方能够非常顺利地完成各项演练任务，说明应急能力基本符合预期；如果演练过程中各项演练任务的完成较为吃力，或者在完成各项任务的过程中各方配合不够默契，甚至还存在一些关键的能力短板或能力壁垒，那么说明在这些环节上的应急能力还需要进一步提升。

上述“情景-任务-能力”方法在大面积停电演练中的呈现过程大致为以下“三部曲”：

（1）在开展风险评估和实地调查的基础上，对大面积停电事件的诱发因素、灾情发展、引发社会面问题、次生衍生灾害进行详细梳理。情景构建应充分体现极端小概率、虚拟现实相结合、适度超前的设计思想，突出大面积停电事件高度复合型、高度复杂化和高度关联性以及次生衍生灾害多发频发的突出特点。

（2）分析大面积停电事件情景下的具体演练任务，对任务进行分类分级，明确不同任务的归属部门和协同流程。具体而言，要根据灾害情景的应对需求，为最大限度减轻灾害损失，有针对性的设计演练任务，并将各项任务进行细化，明确各参演方的职责权限和相互配合的要点，特别要关注任务的系统性和关联性。最后，将各项演练任务在应急演练中通过适当的触发方式、展示形式和进度控制进行呈现，由参演人员逐一完成各项演练任务。

（3）通过演练提前暴露出各项能力上的短板和不足，后续用于持续改进和提升大面积停电应对处置能力。大面积停电事件应急演练情景构建的主要流程如图 4-1 所示。

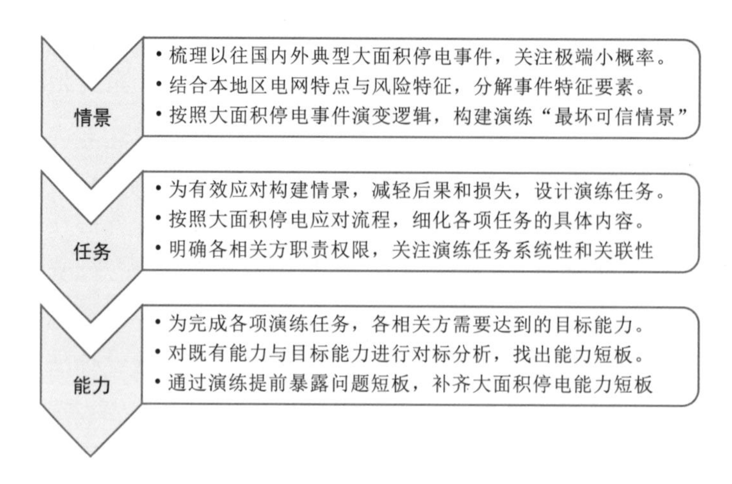

图 4－1 大面积停电事件应急演练情景构建的主要流程

4.2.1 大面积停电情景构建

大面积停电应急演练情景策划与设计应充分体现情景构建方法注重极端小概率、虚拟现实相结合、适度超前的思想，突出大面积停电事件高度复合型、复杂化和关联性以及次生衍生灾害多发频发的特点。基于对以往发生的国内外重大停电事件的梳理，结合各地不同的地理气候特点、电网网架结构以及各地的基础设施布局、城市生命线、工业生产和居民生活、社会面运行等各方面实际情况，对可能发生大面积停电事件的风险以及由此引发的社会面风险进行系统全面分析与评估，对可能发生事件的初始来源、破坏严重性、波及范围、复杂程度以及潜在影响进行系统归纳和收敛。经过精心设计和反复多次的评审修改，最终形成大面积停电演练情景。

演练情景应遵循"触发事件-核心事件-次生衍生事件"的逻辑思路进行设计。初始触发事件主要是指可能造成大面积停电事件的源生事件。按照情景构建的逻辑思路，大面积停电应急演练情景设计首先要考虑各种可能诱发或造成大面积停电的触发事件，主要包括各类极端自然灾害、电网生产安全事故和外力破坏事件等，如强台风或超强台风、强对流天气、雨雪冰冻灾害、地震、滑坡泥石流等极端自然灾害，异物碰线或造成倒塔等严重后果的外源性事故，电网自身故障或电力生产安全事故，通过网络袭击电网或针对电网的恐怖袭击活动等。

核心事件情景主要是指由各种触发因素导致的电网大面积停电。包括极端天气引发输电线路跳闸、变电站失压引发连锁反应，造成大面积停电；或者由于电力系统内部发生生产安全事故、外来异物挂线、外送通道双极闭锁等系列连锁故障，造成大面积停电；或者由于网络攻击或物理恐怖袭击而导致电网大面积停电。当以上各种情况造成电网损失负荷占比达到一定的比例时，就构成较大、重大或特大等级的大面积停电事件。也就是说，电网因各种原因造成的大面积停电，是整个情景构建过程中的

“中枢”，起到“承前启后”的作用，其前端承接触发事件，后端引出次生衍生事件。

次生衍生事件情景主要是指电网大面积停电发生后，可能引发的一系列连锁反应，包括城市基础设施受损、城市生命线运行中断、社会民生或居民生活受到影响、工业生产发生衍生事故等各种类型的场景。这些场景包括但不限于以下若干方面：

（1）城市基础设施、生命线工程方面：地面交通拥堵、地铁列车停驶，居民通勤出行受限；机场、火车站停运，造成大量旅客滞留；电信基站失电部分区域通信中断，市民通信联系受到影响。

（2）社会民生、居民生活方面：医疗设施停电影响医务活动，医院停电导致正在进行中的手术受到影响；部分商场、超市突然无法运营，顾客情绪出现波动；大量人员被困电梯等公共设施中；部分学校停电导致学生无法正常上课、就餐，引发媒体和社会广泛关注；自来水公司部分水厂取水泵停止运行，无法进行加压供水；受此影响，医院、酒店、高校、商户及大量小区供水中断。

（3）工业生产方面：钢铁厂受停电影响，导致煤气炉爆炸，现场工人受伤；制药厂生产区域空调系统失去作用，制粒室集聚大量可燃气体，存在燃爆可能；食品厂冷库停电，制冷压缩机停运导致温度上升，冷库门开关等操作受限，冷冻食品受高温影响解冻变质，可能引发疫情。

（4）社会舆论方面：在公众不明真相情况下，网上出现大量不实信息，虚构停电损失和停电原因，严重影响社会稳定。

大面积停电情景构建的“触发事件-核心事件-次生衍生事件”逻辑框架如图4-2所示。

触发事件	核心事件	次生衍生事件
自然灾害 ·强台风 ·强对流天气 ·雨雪冰冻灾害 ·地震 ·滑坡泥石流 电力生产安全事故 ·电网故障 ·生产安全事故 ·第三方施工事故、异物挂线等 外力破坏 ·网络袭击 ·物理破坏	电网大面积停电 样例： ·极端天气导致输电线路跳闸，330kV变电站、110kV母线全停，若干座110kV变电站失压，引发大面积停电，损失负荷占电网总负荷比例达到较大、重大或特大等级大面积停电事件 ·外送通道直流工程双极四回闭锁等一系列连锁故障，导致西电东送通道全部断开，造成当地电网孤网运行，发生大面积停电	停电引发一系列后果 ·城市基础设施、生命线工程方面：地面交通拥堵、地铁列车停驶，人员被困火车站停运旅客滞留，电信基站失电部分区域通信中断 ·社会民生、居民生活方面：高层居民楼停水停电；医院停电影响患者就医；部分商场、超市停电无法正常运营；学校停电导致学生无法正常上课等 ·工业生产方面：可能导致工厂发生事故，如食品厂冷库、制药厂车间、钢铁厂高炉、炼化厂炼化设备等事故 ·社会舆论方面：网上出现大量不实信息，虚构停电原因和损失，影响社会稳定

图4-2 大面积停电事件情景构建的“触发事件-核心事件-次生衍生事件”逻辑框架

大面积停电演练情景构建工作应突出针对性、前瞻性和科学性，基于当地可能面临的大面积停电触发事件风险，聚焦于那些复合性和关联性强，且高度复杂、处置难度大的停电场景和次生衍生事件情景，能够用于指导地方未来一段时间内的电力应急工作。大面积停电应急演练情景构建可参考以下若干类型的典型样例。

1. 极端气象灾害导致的大面积停电演练情景

（1）情景概要。东部沿海省份遭遇台风侵袭，导致沿海地区电网发生大面积停电，继而引发一系列次生衍生事件，导致财产损失并可能有人员伤亡，同时对社会秩序造成一定程度的破坏。该类情景在近年来东部沿海地区组织的大面积停电演练中经常出现，主要演练目标一般是考察沿海地区应对强台风和大面积停电的能力。

（2）初始触发灾害情景。台风于某年6月29日7时20分加强为超强台风级，中心位于N市东南方200km的海面上，中心附近最大风力16级，预计其将以20km左右的时速向西北方向移动，强度继续加强，将于30日7时前后在N市附近沿海地区登陆，并将继续北上。受强台风天气影响，N市及周边Y市、J市等地区将出现大到暴雨局地大暴雨，并伴有大风天气，其他地区可能有强降雨。

台风登陆后，由于云团范围宽，造成局地出现雷暴雨，降雨量大，截至6月30日12时，全省有140余个乡镇24小时降雨量达到250mm以上，达特大暴雨级别，其中8个乡镇雨量超过400mm。台风和强降雨导致电网受灾面积基本覆盖全省大部地区，特别是沿海N市和Y市，由于局部风力超过14级，两市出现大面积道路水毁、树木倾倒，低压电网倒杆断线严重。

（3）电网受损破坏情景。台风登陆后，造成省内多地电力设备设施损坏，N市、Y市、J市等多个地区发生多起线路跳闸和母线故障，造成大量沿海风机脱网解列，全省累计损失负荷达800万kW，约占全省总负荷12%，全省停电户数超过400万户，其中重要电力用户50户，达到较大等级大面积停电事件标准。

其中，N市市区电网范围内6座220kV变电站停运，下属2个县市电网范围内7座220kV变电站停运，初步统计损失电力负荷约为400万kW，占N市电力总负荷的50%以上，全市停电户数200万户，其中重要电力用户20户，达到较大大面积停电事件标准。

Y市市区电网范围内7座220kV变电站停运，下辖县市电网范围内6座220kV变电站停运。初步统计损失电力负荷约350万kW，占N市总负荷比例超过50%，全市停电户数170万户，其中重要电力用户15户，达到较大大面积停电事件标准。

J市市区电网范围内5座220kV变电站停运。初步统计损失电力负荷50万kW，全市停电户数20万户，其中重要电力用户10户，达到较大大面积停电事件标准。

（4）次生衍生灾害构建情景。大量居民小区地下配电室被水淹出现停电，电梯停运，居民上下楼只能步行爬楼梯，各地出现数起甚至数十起电梯困人事件；小区门禁失灵，人员进出受到影响；医院因停电导致正在进行中的手术受到影响，因停电造成大量先进医疗检测设备无法正常工作，大量重症、危重病人亟需救治或者转院；街道上广告牌横飞，在对低压线路造成破坏的同时，还威胁到路人的安全；地铁列车突然停电，车厢内乘客出现恐慌，机场受停电影响，大量航班停飞，大量旅客出现滞留；市区地面交通信号指示灯停止工作，造成地面交通混乱的画面；部分受灾严重地区手机通信和移动上网功能受到影响，信号时断时续，市民通信联络不畅。

（5）J市灾情构建情景。台风登陆以来，J市大部分地区出现了150mm的大暴雨，伴有雷暴大风等强对流天气，局地累积雨量可达250mm以上。城市出现内涝，路面积水深度最深处达80cm，最深处超过1m，部分城区路面交通暂时处于阻断状态，绕城高速交通拥堵严重。J市机场近400个航班被迫取消，超过6000名旅客积压滞留，机场候机楼内变得十分拥挤。在火车站、高铁站，高铁动车组大部分停运，普速列车普遍延误，晚点时间未知，车站客流拥挤，秩序一度出现混乱。长江J市段船舶已回港或就近避风，船上人员全部撤离上岸。受极端恶劣天气影响，全市中小学停课，J市老城区和地势低洼地区多处集中住宅区出现大面积停电。

（6）Y市灾情构建情景。台风造成Y市持续出现8到9级雷暴大风等强对流天气，刮倒电杆350处、断线400处，跳闸1200条次；因大风刮倒大树短时阻碍交通30条次；在田作物受灾150万亩；海堤等部分水利工程设施局部受损，其中沿海地区大面积停电，部分农村房屋倒塌。Y市个别商场和火车站等人员密集场所出现停电，有人员滞留现象。Y市因停电和光缆中断而导致的服务中断基站达1000余个。

（7）N市灾情构建情景。受台风影响，N市最大小时雨强120mm。狂风暴雨席卷之下，N市市区及下辖县市共有20万户居民停电，全市有60处行道树倒伏、120个广告牌受损占道，雷暴和强降水还造成N市通信部门累计近200个基站停电，峰值退服站点120个。一些路段道路积水深度超过1m，给部分地下核心机房配电设施带来严重安全隐患。长江N市段部分水域7个站点超警戒水位。城乡多条饮用水管道受损，N市自来水一厂的供应水源地水质浊度骤增，超过该厂净水处理能力3倍。为应对险情，N市紧急成立供水恢复现场指挥部，各相关部门分工协作，加强水质监测，保障缺水地区供水，督促落实饮水消毒措施。台风登陆以来，N市已有200余人因台风受伤进入医疗机构治疗，门诊病人大多数是皮外伤和软组织挫伤。为预防疫情发生，N市疾控中心派出8支疾病预防控制队伍，分别前往受灾严重地区进行疾病预防指导工作。

2. 电网受外来影响或发生故障导致的大面积停电演练情景

电网发生故障或受到异物碰线等外来影响，都可能导致大面积停电事件发生。该类情景也是大面积停电事件应急演练中常见的一种类型，由于少了自然灾害的叠加影响，一般会更加关注电网本身受到的破坏和由此带来的一系列次生衍生事件后果。

例如，北京市 2017 年组织开展的大面积停电事件应急演练，初始情景为输电线路受到异物影响而导致大范围停电，从而引发一系列社会面问题。演练模拟迎峰度夏负荷高峰期间，北京市因 220kV 输电线路被异物碰线而导致部分区县大面积停电，涉及 2 个行政区 10 万余客户，停电期间叠加设备故障影响到地铁运行，城市供水、交通、通信、商超、医院等受到严重影响，引发多处次生衍生事件。北京市电力事故应急指挥部立即启动大面积停电事件Ⅲ级应急响应，电力、公安、交通、通信、水务、卫生、属地区政府等多部门多单位联合处置。国网北京市电力公司出动 156 人、54 台抢险救援及应急保障装备，国网冀北电力有限公司等电力企业紧急派出大型装备赶赴北京支援。经过各方共同努力，陆续恢复供电，并有效处置各类次生衍生事件。演练场景真实性强，突出了全社会的协调联动。

广东省是我国“西电东送”格局中的重要终端之一。在我国的国家能源发展战略“西电东送”格局中，500kV 牛从直流线路（云南省昭通牛寨换流站—广东省从化换流站）是国内首条 500kV 同塔双回直流输电线路，为广东省提供重要电力供应。由于输电线路长达 1224km，加之广东电网结构复杂，特高压、交直流混合、大容量等突出特点，存在西电东送通道故障导致电网大面积停电风险。为此，广东省模拟构建了西电东送大通道牛从直流线路因强降雨发生故障，引发广州、深圳等珠三角地区的 9 个城市发生大面积停电的极端灾害情景，并以此为背景开展了省级大面积停电事件应急演练。演练具体场景模拟了西电东送通道 500kV 溪洛渡送电广东直流工程双极四回闭锁等一系列连锁故障，导致西电通道全部断开，造成广东电网孤网运行的情况，并由此引发了 9 个城市发生一系列次生衍生事件。为应对此次模拟的极端事件，广东省全面启动大面积停电事件Ⅰ级应急响应。

陕西省西安市 2016 年 6 月 30 日组织开展大面积停电应急演练，模拟大风造成移动吊车碰线和异物碰线短路等外力破坏事件。电力线路相继跳闸，重合未成，导致未央区大部分地区、莲湖区部分地区供电受到影响，停电损失负荷占事故前西安电网负荷的 21%，构成较大面积停电事件。演练还模拟了因停电引起的地铁二号线停运、钢铁公司发生爆炸、电缆沟道着火、市内地面交通瘫痪、高铁西安北客站停运、电梯困人、医院紧急保电、学校停水、超市出现混乱等典型次生衍生事件。构建的具体次生衍生事件情景（包括有关部门和单位的处置措施）如下：

（1）地铁 2 号线停运。停电导致地铁 2 号线停运，地铁联动公安、医疗等部门进行人员疏散、伤员救治。

（2）鑫辉钢铁公司爆炸。受停电影响，鑫辉钢铁公司循环水系统停运，煤气炉温度过高发生爆炸，现场多人受伤。市政府立即派出工作组赶赴现场，成立现场指挥部协调指挥公安、消防、医疗、电力等救援力量开展联动处置。

（3）电缆沟道着火。北风一线电缆线路绝缘层被盗割 15m，恢复送电后电流过大引起着火，市政府立即指派供电公司现场组织协调公安、消防、通信公司、天然气公司等救援力量开展联动处置。

（4）交通瘫痪。突然停电导致未央区、经开区、莲湖区停电区域内所有交通信号全停，数条主干道交通陷入瘫痪，交警部门立即启动应急预案，加派警力调用移动信号灯进行交通指挥疏导，开辟绿色通道，让抢险救援车辆先行。

（5）西安北客站停运。高铁北客站突然停电，应急发电机立即启动，25min 后发电机发生故障停止工作，调度中心失去车辆调度功能。10 余次列车不能进出站，站内约 2000 名旅客滞留，停电导致列车上一名旅客患病，北客站立即启动预案，开展伤员救治和旅客安抚，启用人工安检和检票，疏散滞留人员。

（6）电梯困人。停电导致某小区发生停水、断网、电梯困人等事件，大量居民在白桦林居小区物业办情绪激动，医疗、质监部门立即开展营救，公安立即对小区居民进行安抚和疏散，防止群体性事件发生。

2019 年 11 月，四川省开展了针对外力因素导致供电中断及引发连锁反应的大面积停电事件情景模拟演练。演练情景模拟了风筝、玻璃瓦等异物造成成都和宜宾两地线路故障，继而引发 800kV 宜宾-金华直流特高压输电线路双极闭锁，成都和宜宾发生停电，受影响用户 80 万户。在此基础上，演练设置了 5 个科目 69 个具体灾害情景，包括机场地铁停电、医院大面积停电、地下电力电缆火灾等，考察了电网抢修、社会秩序维护、地面道路疏导、消防救援、伤员救治、通信恢复、供水恢复演练任务。

此外，有的地方在开展大面积停电演练时，有时还会根据自身情况增加部分电力安全生产事故隐患或故障场景，从而使大面积停电情景更加全面系统。

3. 重大活动期间大面积停电应对与应急保电演练情景

针对重大活动，如两会、国庆节、重大节庆日、全运会、冬奥会、上合组织峰会、APEC 峰会、G20 峰会等，开展应急保电或应对可能发生的大面积停电事件，也是大面积停电演练工作中应当高度关注的重要场景之一。

2020 年 9 月 8 日，西安市模拟开展了针对“十四运”期间大面积停电情景的应急演练。情景以雷雨暴风极端天气为诱因，大量电网设施设备受损，西安市电力负荷损失超过 40%，达到较大等级以上大面积停电事件。大面积停电导致西安市区交通发生拥堵、公共通信瘫痪、地铁线路停运等次生灾害情况，并严重影响到了“十四运”比赛活动的正常开展。演练从应急指挥体系、电网抢修、次生衍生灾害抢险救援、社会面恢复与居民生活保障等若干方面，对应急任务和能力进行了有效检验。

2019 年 4 月青岛市模拟开展了重大活动电力保障系列应急演练。模拟了青岛重大活动某保电一级客户外部供电中断，导致上游 220kV 变电站全停的突发重大事故，设计了 2 个点位出现不同类型的故障，以此为基础情景开展了大面积停电应急演练。同时，还模拟了青岛西海岸地区在重大活动期间突发强对流天气，造成保电区域内 110kV 主干输电线路受损的场景，具体包括重要保电用户电力中断、树木倒伏影响到 10kV 供电线路、地铁医院等重要部位停电、可能面临的网络攻击和暴恐袭击等灾害情景。

4.2.2 大面积停电事件演练任务设计

大面积停电应急演练的任务设置应按照“情景-任务”设计的逻辑框架，重点突出应急预案功能校验、多主体关联衔接、指挥体系有效运转等关键环节和内容。

1. 演练任务设置应突出多主体共同参与的特点

大面积停电事件应对涉及多个部门，是典型的多主体作战，因此演练任务设置应突出多主体协同特点。大面积停电演练参演单位主要包括地方政府及其经信或工信部门，应急管理、公安、住建等其他相关部门，以及演练灾情所涉及的单位和企业。因此，在任务设置的过程中，要充分体现复合型突发事件多主体处置时任务并行化、作业多线程化和关联性设计的特点，将跨部门、多单位和跨区域协同联动应急作为演练任务的重点内容。一方面，既要考虑作为此次事故应对处置主体的地方政府的响应动作，以及作为总指挥部成员单位的政府各部门、各单位的应急职责；另一方面，还要考虑作为次生衍生事故灾害处置主体的各个企事业单位的应急工作要求。此外，演练还应考虑媒体沟通、舆情管理和公众引导等方面的任务。

具体而言，演练任务按照不同的主体应当各有侧重，同时各项任务之间要能够做到相互衔接，注重协同。地方政府作为大面积停电事件应对处置的主体，一般均会成立大面积停电事件应急指挥部，主要演练任务应侧重于以下若干方面：①事件等级的确定及宣布启动相应等级的应急响应；②向上级政府报告大面积停电事件有关信息；③事件处置过程中的有关重大事项决策，包括救援任务分配、任务优先次序确定、应急发电车等关键应急资源的调度分配等核心任务；④与电网企业总部的沟通协调、资源统筹调度等；⑤开展媒体沟通与舆情引导，进行公众情绪管理等若干社会面任务。

政府各职能部门及相关单位演练任务主要侧重于各自在大面积停电事件及相关次生衍生事件背景下的核心职责。这些职责包括但不限于以下若干方面：工信部门或经信部门在大面积停电事件处置中的综合协调职责，应急管理部门对可能引发的生产安全事故处置的牵头职责，市政或住建部门对城市生命线工程的紧急保障职责，医疗卫生主管部门对医院等医疗机构的保障调度职责，教育部门对大中小学校相关事件的处置等。同时，电力行业演练任务设置主要应侧重于电网抢修、电力分配调度、紧急供电保障、事件信息汇总报告、电网线路事故处置、线路巡检以及向市政府提出各种专业处置建议等方面。对于演练各参演企事业单位的任务设置则主要侧重于专业处置层面。此外，对所有参与单位，还可以专门设置在地方政府总指挥部框架下的协调联动任务，以此来提升应急处置的效率和协同作战能力。

按照“情景触发任务-任务回应情景”的设计思路，实现政府牵头主导、各部门协同参与、应急任务全主体覆盖、各单位联合共同应对的大面积停电应对处置模式。

2. 演练任务设置应强化对大面积停电等预案功能的检验

各级大面积停电事件应急预案是相关主体应对大面积停电的主要依据，在演练任务设置时，应充分考虑相关预案中预设的各项处置措施，并将这些措施分解融合到演练的全流程中，以达到通过演练检验预案有效性的目的。演练任务按照纵向应急流程与横向组别分工相结合的方式进行设置。任务设置可以按照大面积停电事件应急预案中规定的监测预警、信息报告、应急指挥机构成立并有效运转、全面应急响应、抢险救援、协同联动、新闻发布、应急结束、善后恢复等具体措施进行，尽量顾全各环节上的内容，使其成为一个完整的任务体系。事件初期以电力企业先期响应为主，侧重对电网的防护、电网受损后的快速恢复、信息报送等关键内容。事态升级后，地方政府成立应急指挥机构，即进入全面处置和应急响应阶段。此时，应按照综合协调、电力恢复、新闻宣传、综合保障、社会稳定、技术保障、后勤保障等方面的分工，对各参演部门和相关单位进行任务分解，构建起横向到边、纵向到底的任务网络，确保每一个应急管理过程，各参演部门均有明确的任务分工。

同时，演练任务的设置还应考虑不同预案同时启动时的综合应急协调能力。要完成大面积停电引发的一系列社会面问题的应急处置，需要在地方政府的统一领导和指挥下，同步启动极端天气应对、通信保障、医疗救援、治安维护、消防救援、安全生产、交通保障、新闻宣传等各项任务，严重情况下还需要启动相应的应急预案。对电力企业而言，还需要启动企业的大面积停电事件应急预案，在设置演练任务时，必须统筹考虑这些要素。对于其他灾情涉及的企事业单位而言，如地铁、火车站、机场、自来水厂、燃气供应企业、医院、各级学校、商场超市、生产经营单位等，也需要根据演练任务分配情况，启动各自的应急预案或采取相应的应急行动。因此，在任务设置时应当统筹考虑这些不同主体之间的角色定位，既要考虑各类主体作为政府大面积停电事件应急指挥部成员单位时的分工协同，又有考虑各类主体单独启动应急预案时的具体处置活动。

演练任务还应将地方政府大面积停电事件应急预案与上级预案（如上级政府大面积停电事件应急预案、同级政府突发公共事件总体应急预案等）、本级各专项预案、下级预案（如区县相关应急预案）以及社会单位预案（电力企业及其他参演单位大面积停电事件及相关事件处置应急预案）之间的有效衔接作为一项重要考核检验内容。通过预设信息流转环节、应急资源调度分配、社会动员机制等具体化的任务，来考察地方政府大面积停电相关应急预案体系的有效衔接情况。

此外，演练任务设定可以尝试打破示范性演练的传统模式，更加贴近于实际工作，侧重于对各方临场应急响应能力的考察。可以采用沉浸式演练模式，完全按照参演各方在大面积停电事件及其次生衍生灾害应对处置中的实际角色设置任务，考察各方对自身应急任务的理解力和执行力。同时，部分任务也可以采取随机抽取的模式，由指挥部下达执行指令，接近于“双盲演练”，考察各方平时对预案的熟悉程度和灾时的响应处置能力。通过在演练中随机下达任务指令，提升演练的实战性。

4.2.3 大面积停电事件演练指挥体系

演练指挥体系运作是演练中的一个重要环节和演练任务的核心内容，在演练中发挥着“大脑”和“神经中枢”的作用。演练中的指挥体系架构有两个方面需要关注，一方面是各级地方政府大面积停电事件应急预案中预设的指挥体系，另一方面是灾情较重情况下可能涉及的其他层级的大面积停电指挥体系以及其他次生衍生事件的指挥体系。二者要根据模拟情景的性质和灾情的严重程度灵活调整，既要遵循预案的基本要求，又要体现应急指挥体系随灾情动态调整的特点。

（1）在规模较大的大面积停电综合应急演练中，可以采用总指挥部和各分指挥部并行运行的模式。地方政府大面积停电总指挥部、电力企业和重要用户的各自分指挥部、现场指挥部可以分设，相互之间既保持相对独立，同时又要有顺畅的信息渠道以确保相互衔接。各参与方地方政府大面积停电事件总指挥部的统一指挥下，模拟采取电网抢修、消防灭火、指挥疏导交通、疏散地铁站及商场群众、解救电梯受困人员、中学校园学生安置、工厂事故处置、受伤群众救助、社会治安维护、新闻发布会组织召开、小区居民劝导及群体性事件防范、受损电力设施抢修恢复、重要用户应急供电等一系列应急响应、抢修抢险和救援救助措施，共同合力处置大面积停电事件。当电网减供负荷恢复至灾前一定水平以上，地方政府大面积停电总指挥部可以决定结束大面积停电应急响应。

（2）演练中指挥体系的指挥层级关系要尽量清晰。作为演练主体，地方政府接到电网停电信息后，模拟启动大面积停电事件应急响应，迅即成立大面积停电事件应急总指挥部，统一部署、统筹指挥相关部门、单位进行大面积停电事件协调联动与应对处置等一系列动作。对上，要模拟建立畅通的信息报告渠道；对外，要模拟建立迅捷的媒体和公众沟通网络；对下，要有明确的部门指令要求和顺畅的信息来源。演练过程中，总指挥部所发出的每一条指令，都应得到明确的回应，从而形成应急管理上的闭环过程。在模拟涉及面广、影响范围大、处置难度高的大面积停电事件时，模拟指挥决策过程要突出坚决果断、高效有序的考察目标。总指挥部还可以模拟借助先进指挥平台，对关键节点事件第一时间做出准确研判和果断部署，体现出应急指挥体系扁平化的特点。指挥部各个功能组在演练中，要充分发挥各自的专业优势，在指挥体系框架下有序开展处置工作，各司其职，快速准确地落实总指挥部的各项决策部署。

演练任务设置时还应重点关注一些重大决策点，如针对有限的应急供电保电资源难以完全满足所有用户需求的两难选择，指挥机构如何对优先保障次序进行决策等。通过设置类似具有一定难度的决策点，将一些资源、机制等方面的短板和不足提前得以暴露，为未来真正发生大面积停电事件后的实际决策提供重要的参考。此外，为回应大面积停电后的社会关注，往往还需在演练中设置新闻发布等环节，考验有关部门应对媒体和开展舆论引导的能力。

（3）演练指挥体系在部署任务时应充分注意在各部门各单位之间形成应急合力。大面积停电事件引发的社会面问题处置，需要政府、社会和企业等各方力量的通力合作，这其中，各部门、各单位之间的联动是应急处置取得成功的关键。因此，在设计演练任务的过程中，应当强化那些需要各部门内部协同以及跨部门、跨行业外部协同的处置事项。指挥部在部署演练任务时，应充分考虑如何快速调动工信、电力、公安、消防救援、医疗卫生、应急管理、水务、气象、教育、交通运输、机场、铁路、市政、住建等所有参演部门和单位，通过顺畅的指令流和信息流，将各方力量和各路资源高效通合起来，同时各部门各单位按照明确的职责分工迅速准确开展应急响应，协力应对大面积停电及其次生衍生事件。

（4）演练指挥体系在运转过程中还要关注处于末端的处置现场。根据相关大面积停电事件预案和其他预案规定，在模拟的关键灾害现场设立现场指挥部，实行指挥长负责制。对于模拟情景较为严重和复杂的大面积停电事件演练时，现场往往需要调度大量抢险救援队伍和参演人员，可能涉及电力企业应急基干分队、相关企事业单位救援力量、消防救援力量，此外还可能涉及学校、商场、社区、医院等公共场所的演职人员。因此，确保演练现场指挥的有序高效运转，是出色完成演练任务的基础组织保障，也是确保现场人员人身安全的必要前提。演练过程中，必须要求所有参演人员按照自己的角色定位，认真投入演练过程，严格履行自身职责，听从现场指挥人员的统一安排，确保演练活动安全有序。

4.2.4 大面积停电事件演练响应程序

根据“情景驱动—任务梳理”的逻辑框架，在对所有参演单位角色分工进行全面梳理的前提下，将各项演练任务按照时序进行分解，有机融入演练的全过程，实现纵向不同主体与横向不同阶段任务的有机统一。具体而言，大面积停电事件演练任务的响应程序大致可按照“监测与风险分析→预警信息发布→预警行动→信息报告→启动响应→电网抢修与恢复运行→次生衍生事故防范→居民生活保障→社会治安维护→医疗救治与防疫→信息发布→事态评估→指挥与协调→响应终止→后期处置”的全流程进行设计，具体响应程序可根据每次演练的具体情景和演练目标进行补充或删减。

1. 监测与风险分析

根据假想事件预设情景，电力企业、有关部门和单位模拟开展针对电力设施、设备和燃料供应等的监测行动，并与气象等相关部门开展信息共享活动，对可能的风险后果和灾情发展走向进行分析评估，预判事件可能的影响后果。

2. 预警信息发布

根据假想事件预设情景，电力企业模拟向政府电力运行主管部门和能源局及其派出机构，提出预警信息发布的建议；由政府电力运行主管部门对事态进行模拟研判并报请人民政府批准后，向全社会发布大面积停电事件预警。

3. 预警行动

根据假想事件预设情景，电力企业、重要电力用户、地方人民政府及相关部门按照预案要求，模拟开展各项预警行动。这些行动包括但不限于以下各项活动：电力企业进入待命状态并做好各项应急准备工作，确保物资、装备和设备保障到位，启动应急联动机制，有关部门做好城市生命线工程、交通物流、商品供应和公共秩序等各项社会面应急准备活动，关注监测并回应社会舆情热点等。根据假想事件预设情景和演练需要，可由预警发布单位宣布解除预警并终止相应的预警行动。

4. 信息报告

根据假想事件预设情景，当灾情达到大面积停电事件的相应等级时，相关电力企业按照预案要求，模拟在规定时限内向能源局或其派出机构、各级政府电力运行主管部门及其他部门、上级企业等相关单位报告事件信息。

事发地人民政府电力运行主管部门、地方各级人民政府、能源局相关派出机构等相关主体，模拟在接到事件信息报告后，立即进行核实，并按照规定的时限、程序和要求向上级政府主管部门、同级人民政府进行报告，同时向同级其他部门和有关单位进行通报。

5. 启动响应

根据假想事件预设情景，按照大面积停电事件严重程度，由各级人民政府（或其授权的电力运行主管部门）模拟启动应急响应并负责应急指挥。

6. 电网抢修与恢复运行

根据假想事件预设情景，电力调度机构、电力企业以及发电企业演练及时采取成立应急指挥机构、合理安排运行方式、恢复电力设备和主干网架运行、组织力量抢修电网及受损设施设备、提供电力支援、做好机组并网准备等一系列电网抢修与恢复运行的相关活动。

7. 次生衍生事故防范

根据假想事件预设情景，重要电力用户演练迅速启动自备应急电源，及时开展风险隐患的排查与监测预警，果断采取必要的防范措施以防范次生衍生事故的发生。

8. 居民生活保障

根据假想事件预设情景，开展有关部门和单位及时采取多种方式，做好供水、供气、供暖、供油等各项城市生命线工程保障工作的演练，并演练有关部门和单位组织居民生活必需品的各项紧急供应和保障。

9. 社会治安维护

(1) 根据假想事件预设情景，开展对涉及国家安全和公共安全的重点地点和单位的安全保卫工作，严密防范和严厉打击各种可能的违法犯罪行为等工作演练。

(2) 根据假想事件预设情景，必要时建立应急处置现场警戒区域，实行交通管制，维护应急处置救援现场秩序等活动演练。

(3) 根据假想事件预设情景，必要时对事件可能波及范围内的相关人员进行疏散、转移和安置演练。

10. 医疗救治与防疫

根据假想事件预设情景，必要时调集相关卫生专家和卫生应急队伍开展紧急医学救援、卫生防疫等工作演练。

11. 信息发布

根据假想事件预设情景，开展面向社会公众的信息发布和舆情引导工作，包括做好社会提示、开展舆情收集、回应社会关切、澄清不实信息等工作演练。

12. 事态评估

根据假想事件预设情景，开展针对大面积停电事件影响范围及程度、次生衍生事故、事态发展趋势以及电力恢复进度等方面的评估工作演练。

13. 指挥与协调

(1) 根据假想事件预设情景，成立大面积停电事件应急指挥机构，调集相关单位及相关应急救援队伍，开展电力应急抢险和相关救援行动演练。

(2) 根据假想事件预设情景，派出工作组赶赴现场，指导协调事件的应对处置和舆情应对等工作，并为救援处置提供必要的资源支持。

14. 响应终止

根据假想事件预设情景，按照预案规定，并依据相关条件，终止应急响应。

15. 后期处置

根据假想事件预设情景，开展事件处置评估、事件调查、保险理赔等善后工作，并按需要做好电力系统恢复重建工作演练。

4.2.5 大面积停电事件演练能力考核

对大面积停电事件应急演练开展情景构建和任务设定工作，其主要目的是通过演练检验现有的各项应急能力与假想情景和预设任务是否匹配，最终目标是通过演练发现能力上的不足并最终提升各项应急能力，从而为各级政府及其部门、电力企业和有关企事业单位做好应急准备、补齐能力短板提供重要的参考和方向指引。

对于大面积停电应急能力的构成要素，可以参考通用应急能力框架，从预防、保护、减除、响应、恢复等多个维度加以考量。这里借鉴美国应急能力评估（CAR）体系和美国《目标能力清单（TCL）》给出的能力框架，结合大面积停电事件的特点，给出大面积停电事件应急能力要素分析和考核框架。美国应急能力评估（CAR）体系将应急能力分解为三级指标体系：13 个一级管理职能指标，104 个二级属性指标和 453 个三级特征参数指标。其中，CAR 一级管理职能指标分别为法律与管理机构、灾害识别与风险评估、防灾减灾、资源管理、应急规划、指挥控制与协调、通信与预警、行动与程序、后勤与设施、培训、演练评估与改进、危机传播、公共教育与信息传播、资金与管理等，如图 4－3 所示。美国《目标能力清单（TCL）》则按照突发事件预防、保护、减除、响应和恢复的流程，给出了更为具体的能力要素，见表 4－1。

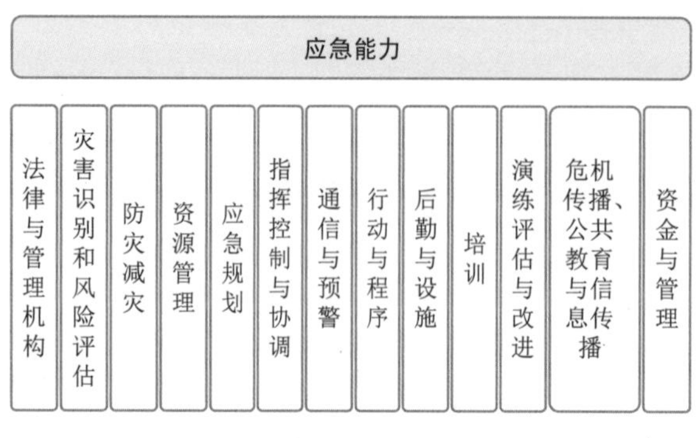

图 4－3 美国应急能力评估（CAR）框架

表 4－1 美国《目标能力清单（TCL）》的能力要素

<table>
<tr><th>预防</th><th>保护</th><th>减除</th><th>响应</th><th>恢复</th></tr>
<tr><td colspan="5">应急规划</td></tr>
<tr><td colspan="5">公共信息与警告</td></tr>
<tr><td colspan="5">协调联动</td></tr>
<tr><td colspan="2">情报及信息共享</td><td rowspan="4">（1）社区抗灾能力。
（2）长远减低系统脆弱性。
（3）风险及灾难恢复能力评估。
（4）威胁与危险识别</td><td colspan="2">确保基础设施系统功能</td></tr>
<tr><td colspan="2">查禁及拦截危险物质</td><td rowspan="3">（1）提供关键运输保障。
（2）环境/健康/安全事件应对。
（3）遇难者遗体管理及善后。
（4）消防管理及扑救。
（5）物流与供应链管理。
（6）灾民安置及生活物资供给。
（7）遇险人员搜寻与救援。
（8）现场安保、防护及执法。
（9）应急通信。
（10）公共卫生、医疗及急救服务。
（11）灾情态势评估</td><td rowspan="3">（1）经济恢复。
（2）卫生及社会服务恢复。
（3）灾后住房服务恢复。
（4）自然资源及文化资源保护与恢复</td></tr>
<tr><td colspan="2">核生化与爆炸物（CBRNE）搜索/检测</td></tr>
<tr><td>反恐调查取证与分析</td><td>（1）关键地点、数据库及网络目标的访问控制与身份验证。
（2）网络安全（电子通信、信息及网络服务等）。
（3）物理保护措施。
（4）重大项目及活动风险管理。
（5）供应链及运输线安全防护</td></tr>
</table>

需要指出的是，目标能力清单中的各项能力要素，是在假设达成这些任务所需的各项人力、资源和财力均能够满足需求的前提提出来的，但现实情况是很多人财物资源无法满足需求或只能部分满足需求，因此这些能力都是理想中的“目标能力”。开展应急演练的目的，就是要把既有能力与这些目标能力进行对标分析，找出各个能力要素中存在的短板，进而提升各项应急能力。

结合本书2.4“大面积停电事件应急能力及资源需求分析”中对大面积停电应急能力软件和硬件组成要素的分析，参考国内外应急管理通用能力框架，按照大面积停电事件应对处置的基本流程，本节给出大面积停电应急能力考核要素表（表4-2）。

需要说明的是，表4-2中的能力分解要素并非全部的应急能力考核项，此处仅按照常规情况列出了部分应急能力要素。在实际开展大面积停电应急演练时，还需要根据具体灾情的特点和严重程度，有针对性地设置考核子要素。

按照“灾害情景构建—任务分解执行—能力考核提升”的科学思路对大面积停电事件应急演练进行详细剖析，一方面有助于快速掌握和了解各自在大面积停电事件应急处置体系中所应承担的关键任务和所发挥的重要作用；同时，另一方面相关主体也能够通过演练及时发现应急能力上的短板与不足，为后续持续改进提供翔实的依据。

在情景构建、任务设置和考核目标设定完成之后，便可进入大面积停电事件应急演练的组织实施环节。

表4-2　　大面积停电事件应急能力考核要素表

应急能力考核大类	应急能力考核要素分解
风险防范与应急准备	（1）是否对大面积停电事件开展详细风险评估。 （2）是否建立了大面积停电事件风险清单。 （3）对清单中的各类风险是否具有必要且足够的物理保护或防护措施对清单中的各类风险是否有必要的管理措施。 （4）是否将风险评估的结果用于预案修编与完善。 （5）大面积停电应急预案是否定期更新。 （6）大面积停电应急预案是否向全员宣贯，相关人员对预案是否完全知晓并明确各自职责。 （7）是否具有必要的电网抢修设施设备。 （8）是否具有必要的应急发电车、发电机等应急设备。 （9）是否建立电力应急抢险救援队伍并持续开展训练
监测预警	（1）是否建立了完善的大面积停电事件监测制度。 （2）是否具有独立的电网运行风险监测预警系统。 （3）是否与气象灾害监测预警系统建立有效衔接机制。 （4）是否建立了科学的风险监测评估制度。 （5）是否建立了科学的预警等级评估与发布制度。 （6）预警发布后是否有相对应的预警行动。 （7）预警解除程序是否科学完整

续表

应急能力考核大类	应急能力考核要素分解
应急响应与处置	（1）信息报送程序是否完备，电力企业、地方政府、上级行业主管部门、企业总部、重要电力用户等相关方之间的信息报送与流转渠道是否畅通。 （2）是否按照事件等级启动相应等级的应急响应，启动程序是否完整有效。 （3）电力调度程序是否科学精准。 （4）电网抢修队伍是否健全，出动是否快速，对电网损坏情况是否精准掌握，抢修处置过程是否高效有序。 （5）电网抢修所需装备设施是否满足处置要求，特别是对于遭遇重大灾害破坏的极端情景。 （6）重要电力用户自备应急电源是否到位，极端情况下重要用户的电力自保能力能否满足自身需求。 （7）电力企业对重要电力用户的紧急保电供应能否满足所有用户的峰值需求。 （8）城市基础设施抢修抢险是否及时，电力恢复时间是否在公众可接受范围内。 （9）城市生命线工程抢修抢险是否及时，应急电力保障是否到位。 （10）工业企业是否能够及时处置和化解因停电带来的各种险情。 （11）居民生活保障能否做到快速到位。 （12）社会治安维护是否到位。 （13）交通管制是否及时，抢险、救援和保障专用车辆以及救援队伍的通行是否做到优先保障。 （14）医院是否具备快速恢复供电能力，应急发电车、发电机等关键物资能否满足医院开展医疗救治和抢救重症病人的需要。 （15）对大面积停电事件的信息发布是否满足时限要求，发布内容是否符合有关规定的规范要求，是否回应了社会关切，是否确保停电信息及时传递给受影响范围内的每位公众。 （16）其他能力
响应结束	（1）大面积停电终止应急响应程序是否可行合理。 （2）终止后是否对应急演练过程中的处置环节开展有效的后评估。 （3）演练后评估结果是否用于系统持续改进工作

4.3 大面积停电事件演练组织实施

大面积停电事件应急演练的组织实施工作一般由相关预案确定的大面积停电事件应急领导机构或指挥机构领导负责，具体可交由地方电力主管部门、电力企业或其他相关部门单位承办。

4.3.1 大面积停电事件演练组织

大面积停电事件应急演练一般由各级人民政府或其授权的电力运行主管部门组织

实施，演练组织单位要牵头成立由人民政府相关部门、电力企业、能源局及其派出机构、相关单位和企业领导组成的演练领导小组，作为演练组织机构。根据大面积停电演练的具体情景和任务设定，需要参加演练的各个单位一般也要作为成员参加演练组织机构或承担具体的实施工作。

大面积停电应急演练领导小组之下可以设置策划、执行、保障、评估等各类功能小组，以确保演练活动顺利开展。下一级人民政府及其有关部门、有关单位根据模拟事件的具体情景和演练要求，视情况参加演练活动，并统一接受大面积停电事件应急领导机构或指挥机构的领导指挥。此外，还应明确参演人员和队伍，包括应急预案规定的有关部门和单位人员、电力应急基干分队、各类综合应急救援队伍、兼职或志愿者应急救援队伍等。大面积停电事件应急演练可根据情景设计的需要，设置现场应急指挥机构，负责演练现场的组织指挥工作。现场指挥机构应与总指挥机构建立起必要的联络，接受总指挥机构的领导指挥。

大面积停电事件应急演练领导小组负责应急演练活动全过程的组织领导，审批决定演练的重大事项。领导小组组长一般由各级人民政府分管电力工作的领导同志或其授权的其他人员担任，副组长一般由分管电力工作的领导同志或授权的其他人员担任，小组成员一般由大面积停电事件应急预案中规定的应急指挥部成员单位领导担任。在演练实施阶段，领导小组组长、小组副组长、小组成员按照应急预案规定自动转为应急指挥部的总指挥、副总指挥、各小组组长、组员等相应的角色。

大面积停电事件应急演练策划、执行、保障及评估组的具体功能如下：

（1）策划组负责应急演练的策划、方案设计、组织协调、评估总结等方面工作，一般可设总策划、文案信息组、综合协调组、导调控制组、宣传报道组等，各组在总策划的领导下协同配合，完成各项预定工作。

（2）执行组负责演练活动筹备及实施过程中与相关单位、工作组的联络和协调、事件情景布置、参演人员调度和演练进程控制等。

（3）保障组负责应急演练所需的各项物资装备配备、演练现场秩序维护、演练车辆保障、安全保卫等各项后勤保障工作。

（4）评估组负责设计演练评估方案和编写演练评估报告，对演练准备、组织、实施及其他各项事项等进行全程评估。评估组一般应由电力行业内外部应急管理专家学者、上级电力运行主管部门资深管理人员、经验丰富的资深从业人员等组成。

4.3.2 大面积停电事件演练实施

大面积停电事件演练实施阶段大致可细分预演与演练启动、演练执行与控制、演练解说与记录、演练宣传报道、演练评估准备、演练结束等若干活动。每次演练在实施过程中，可根据设定的大面积停电场景和应急处置救援任务具体情况，酌情增加或减少相关活动。

1. 预演与演练启动

演练开始前应根据需要进行一遍至数遍预演，所有参演单位和参演人员应悉知各自的角色任务和演练的各个环节，并能够按照演练方案有序执行并圆满完成各项演练任务。正式演练前，应确认大面积停电事件演练所需的电力应急发电机车、电力抢险工具设备、电力抢险设施、相关技术资料等以及参演人员、应急基干分队及其他应急救援人员到位，要对电力抢修及其他相关次生衍生事件场地和相关设施设备进行安全检查，并确认安全无误后方可实施演练。正式演练由大面积停电事件应急指挥部总指挥或其授权人员宣布开始并启动相应演练活动。

2. 应急演练的执行与控制

应急演练总指挥或其授权的其他人员负责演练实施过程的指挥控制，当总指挥下达演练开始指令后，电力企业、有关部门和企事业单位等所有参演单位和人员应在指挥部的统一领导和指挥下，按照演练方案和演练脚本，开展对模拟大面积停电事件的应急处置行动，有序完成各项预设的演练任务。演练过程中如出现特殊或紧急情况，总指挥可决定中止演练。

演练策划和导调控制人员应当熟知演练方案和演练脚本的内容，按照演练预设的流程，有序发布情景信息、安排演练任务、协调相关人员，有序控制演练进程，确保演练过程流畅，并能够在领导小组组长（或总指挥）的指挥下处理各种突发紧急情况。控制消息可采用人工、对讲机、电话、手机、传真机、网络、声音、标志、视频等多种形式传递演练信息，但不论哪种形式，都应确保演练意图能够在第一时间传递至所有参演人员。

当演练涉及电网杆塔线路抢险、相关电力设施设备抢修以及其他受停电影响的次生衍生事件现场处置等实战情况时，演练策划和导调控制人员除了要熟练掌握演练方案和演练脚本内容并有序推进演练过程外，还要特别注意对演练现场的把控，与现场参演的应急处置救援人员建立起顺畅的信息传递渠道，密切关注并随时掌握演练现场的实时状况，做到万无一失。

所有参演人员应在指挥部的统一领导下，依据预设的演练任务，按照真实大面积停电事件发生时的应急处置流程或行动方案，采取相应的演练行动，做出相应的演练动作，完成相应的演练任务。

需要指出的是，大面积停电应急演练在实施前一般应明确交代演练的有关规则。如要求参演人员针对给定的假想情景，根据大面积停电事件应急预案，完成预警行动、启动响应、综合响应、新闻发布、响应结束等各个阶段预设的各项演练任务。参演人员在演练过程中应当遵守一定的要求，包括参演人员在演练过程中不对情景进行质疑（事后可以根据演练实际情况提出后续完善意见和建议），在给定的场景下完成演练；演练人员必须沉浸角色，各司其职，积极参与，按照流程完成自身各项任务；

演练现场一旦发生紧急情况，参演人员须服从现场导调人员的安排，有序撤离现场；现场参演和观摩人员全程手机关机或置于静音状态等。

3. 应急演练的解说与记录

在大面积停电事件应急演练过程中，可根据需要安排专人对演练过程进行解说，以帮助参演人员和观摩人员及时准确掌握演练意图，确保演练顺利进行。解说内容可根据演练类型的需要，提前在演练脚本中进行明确，一般应包括演练背景意义、演练进程讲解、演练任务说明、任务执行和完成情况、任务执行反馈、环境渲染等内容。

大面积停电事件应急演练实施过程中，应安排专门人员采用文字、照片和音像等手段记录演练过程。记录内容包括但不限于以下若干方面：参演人员集结情况、演练开始结束时间、关键情景和核心任务的完成情况、参演人员的现场表现、现场意外情况处置、演练实施的进程等。

4. 应急演练宣传报道

应急演练过程应做好详细的音视频采集和信息记录，并动员当地各大媒体、广播电视机构等进行现场新闻采编和播报工作。要通过宣传报道提升有关部门、单位对大面积停电事件的认知水平，提高对大面积停电事件的应急准备水平，并向广大社会公众普及大面积停电的相关防范和应对知识。

5. 评估准备

演练评估人员根据演练预先设定的大面积停电事件情景以及各参演主体的具体分工，在演练现场实施过程中展开演练评估工作，记录大面积停电事件演练中发现的问题或不足，收集演练后评估需要的各种详细信息和相关资料。

6. 演练结束

演练领导小组组长或总指挥宣布应急演练结束。演练结束后要进行专家点评或现场讲评，讲评结束后所有参演人员在主办方的安排下有序疏散撤离。演练组织方必须全程确保参演人员和相关应急救援队伍的人身安全，在全部人员撤离演练现场或演练场地后，及时进行清场，形成闭环管理。

4.4 大面积停电事件演练后评估与系统改进

大面积停电事件应急演练完成后，对其开展后评估工作，这是总结演练亮点和经验、发现演练问题和不足的重要手段。通过评估，可以明晰演练目标的达成情况，检验各项任务的完成效果，把握各主体应急能力的匹配情况，是对系统进行持续改进、持续提升各方应急管理水平的重要一环。

4.4.1 大面积停电事件演练评估

通常而言，大面积停电事件应急演练评估可分为评估组专家现场点评和书面报告评估。

现场点评一般由评估组组长或指定专家在演练结束后现场对演练中发现的问题、不足和取得的成效进行点评，并就演练中的关键问题与组织方或相关单位进行沟通，为全面改进大面积停电事件应急能力提供有价值的意见建议。

演练结束后，要对演练开展认真细致的书面评估。可邀请电力行业内外应急管理专家设计演练评价方案或参与评价方案设计，编制演练评估表单。书面评估要以评估人员在演练过程中的记录和收集的各自信息资料为依据，按照预先设定的演练评估标准进行。评估结束后，要提交正式的书面评估报告。

评估人员针对演练中观察、记录以及收集的各种信息资料，依据评估标准对应急演练活动全过程进行科学分析和客观评价，并撰写书面评估报告。

评估内容应关注大面积停电事件演练中的场景设计、演练目标的实现、关键任务处置、演练活动的组织实施、演练进度流畅程度、政府与电力企业协同、重要电力用户防范处置、参演人员的表现等若干方面。

在评估记录等工作完成后，要及时编制大面积停电应急演练评估报告。可以组织参与演练活动的专家、专业部门人员和参演人员，在演练活动结束后，完成演练评估报告的编制。

演练评估报告应作为各参演单位改进工作、完善预案、提供应急能力的重要依据。对于评估报告中提出的整改建议，有关部门和单位要在规定的时限内整改落实。

应根据大面积停电事件演练的特点，并结合各地自身的实际，制定有针对性的演练评估表。评估可从演练策划、准备情况，演练实施情况，过程控制情况，演练任务达成以及演练效果情况，参与各方和应急队伍的能力表现情况等若干方面进行指标分解，以达到全面、客观、准确评估大面积停电演练的目的。

4.4.2 大面积停电事件演练总结与系统改进

1. 演练总结

大面积停电事件应急演练结束后，演练组织单位和演练参与单位应根据演练记录、演练评估报告、应急预案、现场总结等相关材料，对演练进行全面总结，并形成演练书面总结报告。演练总结报告可对大面积停电事件情景设计的科学性，应急演练准备、策划、实施过程的完整性，关键任务的达成度，演练中发现的问题和不足，演练取得的经验和教训以及对今后电力应急管理工作的改进建议等内容进行总结分析。

2. 应急演练资料归档

大面积停电事件应急演练活动结束后，组织单位应将应急演练工作方案、应急演练书面评估报告、应急演练总结报告等文字资料，以及记录演练实施过程的相关图片、视频、音频等资料归档保存。对上级政府电力运行主管部门或上级电力企业要求备案的应急演练资料，演练组织单位应及时将相关资料报主管部门和单位进行备案。

3. 持续改进

大面积停电事件应急演练是改进和完善电力应急工作的重要抓手和重要形式。演练结束后，有关部门和单位要根据演练评估和总结报告，认真落实其中的改进建议，必要时要进行各级大面积停电事件应急预案进行补充说明和修编完善。同时，演练评估和总结报告还应用于对发现问题的持续改进。对于评估和总结中发现的重大问题和不足，要及时制定整改计划，明确整改目标，提供整改资金，细化整改措施并落实到位，并跟着督促检查整改落实情况。

4.5 大面积停电事件应急演练有关辅助工具

为有效确保大面积停电事件应急演练工作的顺利开展，往往需要大量的工作图表等辅助性工具。这些工具包括演练工作时序表（图）、演练保障器材设备与工具、视频制作与直播、演练评估记录反馈表单等。

1. 演练工作时序表（图）

为了科学控制演练进程，在开展大面积停电应急演练时，导调方往往需要编制演练工作时序表（图），以便对整个演练进程进行精细化管理。演练工作时序表或时序图实质上是对整个演练过程按步骤进行的“动作分解”，通过对每一个步骤上的动作进行细化，让参演各方能够更加直观地理解自身的任务，并能帮助各方更加清晰地了解每个步骤在整个演练中所处的位置。更为关键的是，工作时序表或时序图能够为导调人员和观摩人员提供全方位理解演练整体进度的“上帝之眼”，更有利于演练活动的顺利实施。

2. 演练保障器材设备与工具

大面积停电应急演练需要专业的器材、设备与工具保障，这些器材工具是体现大面积停电事件应急处置工作专业性的重要载体。较为专业的器材设备一般包括电网地理接线图、电力应急资源分布图、气象图以及电力应急发电车（图 4－4）、发电机、电网架设专用设施设备、巡线无人机、巡检机器人，以及灾情勘察、抢修复电新装备（图 4－5）等。同时，演练还会用到大量各种应急演练活动都可能用到的通用设备，如卫星电话、转播车、预警系统、5G 通信、机器人、大数据平台等智能化应急指挥系统。此外，演练过程还需要抢险救援车辆、救援指示或告示、各种道具、计算机、录音录像设备等各种设备。

3. 视频制作与直播

为增强大面积停电场景的效果和表现力，往往需要在演练活动中穿插视频。从近年来国内各地组织的大面积停电演练情况看，针对灾情和处置救援的视频制作与展示，是大面积停电演练活动中的一项重要内容。为提高演练活动的专业性，视频制作工作一般交由专业视频制作单位完成，视频制作方式主要有三种：

图 4 - 4　大面积停电应急演练或大型活动保供电时常用的电力应急发电车

（a）演练现场输变电设备

（b）演练现场新技术装备

图 4 - 5　大面积停电事件应急演练中的输变电设备与新技术装备

(1) 针对性拍摄。针对此次演练活动，根据策划方案和演练脚本，对所需要的视频进行拍摄并完成后期制作。

(2) 后期制作。有的单位为节省成本，通过对以往相关视频资料进行剪辑等后期处理方式获得演练活动需要的视频。

(3) 部分实景拍摄。此种方式可理解为前两种方式的结合。即将演练过程中最为关注的环节或组织方最想展示的情景和任务处置部分，交由专业公司进行拍摄，其他部分则通过后期制作获取。

为增强演练活动的实战性，有的大面积停电应急演练过程中还需要用到直播的方式进行展示。有的组织方会邀请电视台或其他专业机构通过直播车搭载的直播系统，对处置现场的处置情况进行直播，并与演练会场进行互动，处置现场的直播工作一般是交给专业单位执行。有的组织方为节省成本，有时也会考虑采用单兵直播系统对处置过程进行直播，虽然画质效果不如电视台直播，但同样也可以增强现场感和实战效果。在直播平台的选择上，需要综合考虑互动画面、声音是否清晰，展示内容是否易于切换，现场表现力是否更强等各方面的因素。

4. 演练评估记录反馈表单

大面积停电事件演练完成后，要对演练效果进行全面系统评估，一般需要根据每次演练的具体情况和特点，编制有针对性的演练评估表。评估表一般会按照演练从策划设计、前期准备、组织实施、任务完成、能力检验等若干方面，按照时序进度对整个演练过程进行评估。典型的大面积停电事件应急演练评估表样例参见表 4-3。此外，大面积停电演练过程中还可以根据需要编制记录表和反馈表，记录表由观察小组对演练全程特别是各个环节上的关键任务完成情况进行客观记录（表 4-4），反馈表由参演人员对演练过程中自身的表现进行及时反馈（表 4-5），两者均可作为对演练评估表的重要补充，用于演练结束后的评估和持续改进等工作。

表 4-3　　大面积停电事件应急演练评估表（参考样例）

评估项目	评估内容	评估得分	备注
演练准备情况评估			
1. 演练策划与设计	1.1 目标明确且具有针对性，符合本地电力应急工作的现状和实际		
	1.2 演练目标简明、合理，且目标具体、可量化和可实现		
	1.3 演练目标明确“谁来做？做什么？怎么做？做的效果？”		
	1.4 演练目标设置是从提高参演人员的应急能力角度考虑		
	1.5 设计的演练情景符合本地的实际情况，且有利于促进实现演练目标和提高参演人员应急能力		
	1.6 考虑到演练现场出现的紧急情况以及可能的其他影响		

续表

评估项目	评 估 内 容	评估得分	备 注
1. 演练策划与设计	1.7 演练情景内容包括了情景概要、事件后果、背景信息、演化过程等要素，要素较为全面		
	1.8 演练情景中的各事件之间的演化过程与情节衔接关系科学、合理		
	1.9 确定了各参演单位和角色在各场景中的期望行动以及期望行动之间的衔接关系		
	1.10 确定了演练所需注入的信息源和信息流，且有明确的注入形式		
2. 演练文件编制	2.1 制定了演练工作方案、安全及各类保障方案、宣传方案		
	2.2 根据演练需要编制了演练脚本或演练观摩手册		
	2.3 演练文件内容格式规范，各项附件项目齐全、编排顺序合理		
	2.4 演练工作方案经过了审批		
	2.5 演练保障方案印发到演练的各保障部门		
	2.6 演练宣传方案考虑到演练前、中、后各环节宣传需要		
	2.7 编制的观摩手册中各项要素齐全、并有安全告知		
3. 演练保障	3.1 演练保障人员的分工明确，职责清晰，数量满足演练要求		
	3.2 演练设备和器材等的使用管理科学、规范，满足演练需要		
	3.3 场地选择符合演练策划情景设置要求，现场条件满足演练要求		
	3.4 演练活动安全保障条件准备到位并满足要求		
	3.5 充分考虑演练实施中可能面临的各种风险，制定必要的应急预案或采取有效控制措施		
	3.6 参演人员能够确保自身安全		
	3.7 采用多种通信保障措施，有备份通信手段		
	3.8 对各项演练保障条件进行了检查确认		
演练实施情况评估			
4. 预警阶段	4.1 电力系统能够根据气象预报、监测系统数据的变化状况、灾情紧急程度和发展势态进行预警		
	4.2 有明确的预警条件、方式和方法		
	4.3 预警方式、方法和预警结果在演练中表现有效		

续表

评估项目	评估内容	评估得分	备注
4. 预警阶段	4.4 电力系统、政府部门之间的信息报告流程正确，能够及时向有关部门和人员报告事件信息		
	4.5 演练中信息报告程序规范，符合应急预案要求		
	4.6 演练中能够依据应急预案快速确定事件的严重程度及等级		
	4.7 演练中能够根据预警响应的性质，采用有效的工作程序，并向适宜的对象发出警告和通知		
	4.8 演练中能够通过总指挥或总指挥授权人员及时启动正确的应急响应		
	4.9 参演单位预警行动迅速，动员效果较好		
	4.10 能够准确区分台风、暴雨等极端灾害预警与大面积停电事件预警的区别，并采取了正确的预警措施		
5. 启动响应阶段	5.1 电力公司启动大面积停电应急响应等级判断准确		
	5.2 电力公司启动响应后，信息报送、电网调度、先期处置等各项措施到位		
	5.3 地方经信部门（或工信部门）判断大面积停电等级准确，相应的报告和处置措施得当		
	5.4 宣布启动市大面积停电事件响应等级符合应急预案的规定，程序合理		
	5.5 宣布启动响应的时机、响应的主体和响应的程序合理，响应启动后有相应的动作及时跟进		
6. 应急处置阶段	6.1 指挥部集结的动作有序、有效，指挥部各成员单位能够快速进入应急指挥状态		
	6.2 按照应急预案的相关要求，指挥部设立了合理的工作组，并对各组进行了明确的职责分工		
	6.3 启动响应后，各成员单位对自身负责的事项目标明确、信息掌握及时、需要采取的措施清晰明了		
	6.4 跨部门之间有呼应，有配合，有协同，有补位，能够兼顾属于自身职责范围边界的事项		
	6.5 各个部门之间能够及时、准确和清晰地传达各自的意图，并能够寻求其他部门的支持和帮助		

续表

评估项目	评估内容	评估得分	备注
6. 应急处置阶段	6.6 电力公司向总指挥部汇报灾情明确，对自身职责清晰，对于自身的专业应急资源情况清楚，并及时向总指挥部提出了援助请求		
	6.7 总指挥部向供电公司下达指令准确果断且要求明确，对于电力部门的请求能够精准回应并设法解决		
	6.8 下级大面积停电事件应急分指挥部向总指挥部汇报灾情明确，采取措施果断，对于灾情可能走向预判准确，并采取了相应的先期处置措施，同时明确提出了需要总指挥提供的应急资源		
	6.9 总指挥部向下级分指挥部下达指令准确果断且要求明确，对于县市政府的请求能够精准回应并设法解决		
	6.10 现场处置过程中，对灾情有准确把握，采取的措施果断有力，并及时准确向总指挥部报告灾情		
	6.11 总指挥对处置现场的指令明确，对于关键节点事件和灾情趋势有准确预判，并给予持续高度关注		
	6.12 指挥部成员单位对自身业务范围内的损失情况掌握准确，清楚所需的应急资源，并明确向指挥部报告说明		
	6.13 总指挥部与现场之间的应急通信系统可靠，连线对话渠道畅通，能够保证灾情第一时间回传至总指挥部		
	6.14 各分指挥部能够持续密切关注灾情的最新变化，做出准确预判，并能够及时向总指挥部报告		
	6.15 总指挥部第二次会商启动的时机合理、及时		
	6.16 第二次会商中，指挥部成员单位能够动态掌握分管行业的灾情，并进行报告		
	6.17 总指挥部在第二次会商中，对关键任务和困难把握准确，能够及时做出正确部署，并确保指令落实到人		
	6.18 应急响应过程中，气象、电力、经信（或工信）、发改、公安、应急管理、商务、住建、新闻等关键部门之间，对大面积停电灾情信息能够及时共享，总指挥部能够在第一时间形成对最新灾情的准确研判		
	6.19 灾情发展后，参演的处置人员能够持续把握灾情的最新发展，对于可能的风险有准确预判，同时报告指挥部		

续表

评估项目	评 估 内 容	评估得分	备 注
6. 应急处置阶段	6.20 应急响应环节的会商过程能够做到流程顺畅，相关单位各司其职，总体指挥过程紧张而有序		
	6.21 演练科目一（地铁突发情况处置与人员疏散）应对处置程序科学合理，处置过程有序，处置效果良好		参考科目
	6.22 演练科目二（电网抢修现场）应对处置程序科学合理，处置过程有序，处置效果良好		参考科目
	6.23 演练科目三（自来水厂抢险）应对处置程序科学合理，处置过程有序，处置效果良好		参考科目
	6.24 演练科目四（医院危重手术应急处置与紧急保电）应对处置程序科学合理，处置过程有序，处置效果良好		参考科目
	6.25 演练科目五（化工厂紧急情况处置）应对处置程序科学合理，处置过程有序，处置效果良好		参考科目
	6.26 演练科目六（商场停电后顾客紧急疏散）应对处置程序科学合理，处置过程有序，处置效果良好		参考科目
	6.27 演练其他场景应对处置程序科学合理，处置过程有序，处置效果良好		
7. 险情恢复与响应结束	7.1 险情恢复过程的停电情景及其次生衍生灾害设计合理，各项处置任务预设符合实际情况		
	7.2 险情恢复阶段，各项措施与应急处置阶段有连续性，各部门行动落实到位		
	7.3 险情恢复阶段应关注的重点内容，如电力恢复、社会面维稳、次生衍生灾情控制等，有具体体现并得到展示		
	7.4 大面积停电应急响应的解除程序符合实际并与大面积停电事件应急预案中规定的内容相一致		
	7.5 响应结束的程序合理		
	7.6 对后续可能再次引发大面积停电事件的触发因素有持续的关注，并在演练中有具体任务体现		
	7.7 对大面积停电事件造成的次生衍生灾害或风险，在演练中有明确的任务给予持续关注		
	7.8 演练中，对响应结束和后续的灾后恢复重建工作有程序或动作上的衔接		

续表

评估项目	评 估 内 容	评估得分	备 注
8. 其他	8.1 大面积停电情景设计合理，满足演练要求；演练达到了预期目标		
	8.2 参演的机构或人员职责能够与应急预案中的职责规定相符合		
	8.3 参演人员能够按时就位、正确并熟练使用演练设施、设备和相应的器材		
	8.4 参演人员能够以认真态度融入整体演练活动中，并及时、有效地完成演练中应承担的角色工作内容		
	8.5 应急预案得到了充分验证和检验，并发现了不足之处		
	8.6 参演人员的能力得到了充分检验和锻炼		
改进建议			
9. 改进建议	9.1 演练策划		
	9.2 演练组织		
	9.3 演练实施		
	9.4 未来电力应急管理机制改进		
	9.5 其他		

注： 按演练实际情况对各个评估指标打分。打分采取5分制，5分表示优，4分表示良，3分表示中，2分表示差，0～1分表示不及格。

表4-4　　大面积停电事件应急演练过程记录表（参考样例）

演练进程	关键演练任务（动作）	任务完成情况	能力匹配情况
应急准备	具体准备任务/动作		
监测预警	具体预警任务/动作		
应急响应	具体响应任务/动作		
处置救援	具体处置救援任务/动作		
抢险抢修	具体抢险抢修任务/动作		
社会面问题处置（可细分为若干项子任务）	具体应对子任务/动作		
新闻发布	具体任务/动作		
响应终止	具体任务/动作		
……	……		

注： 记录表主要记录演练过程中各项演练任务完成的情况或动作执行情况，包括模拟指令的发布、采取的模拟动作、模拟处置措施等具体任务，可用1～5分度法进行半定量化记录，也可以采用文字描述法进行记录，记录力求准确、客观，如实反映演练任务的达成情况和能力匹配情况。

表 4-5　　大面积停电事件应急演练反馈表（参考样例）

演练事项	具体反馈要素	具体反馈情况	备注
演练目标	目标是否明确、可达成		
任务分配	任务分配是否可行、具体		
职责分工	职责是否明确、边界是否清晰，职责有无交叉		
组织指挥	指令是否清晰、指令传递是否顺畅，指挥关系是否明确		
协调配合	各方是否有协同配合、配合默契度如何		
任务执行	参演人员能否及时到位、任务执行是否到位		
信息传递	信息传递渠道是否畅通、信息传递准确度如何		
新闻发布	能否及时准确发布信息		
任务统筹	指挥部对各方的演练任务是否进行了有效统筹		
……	……		

注：反馈表主要用于参演人员如实反馈演练情况，有助于及时发现并改进问题、完善预案、提升实战能力。

第5章

大面积停电事件应急演练支持保障系统

5.1 大面积停电事件应急演练的软、硬件支撑系统

1. 演练分析

大面积停电事件应急演练是根据演练脚本的设定，分步和实时同步场景相互穿插，在严格的统一指挥下，由多个单位、部门协同合作，多类专业、多种技术人员共同配合、操作下，来完成的复杂的多条线索、串并结合，严格把握同步点的操作、演练过程。演练前必须根据演练方案、参演点情况，制定技术支持系统的架构。技术支持系统为演练提供操作平台，为各个演练点（包括指挥中心、现场演练点等）之间的各种音频、视频信息以及数据信号提供综合交互平台，并提供通信指挥手段。指挥中心及演练点的逻辑示意图如图 5－1 所示。指挥中心与演练点的结构示意图如图 5－2 所示。

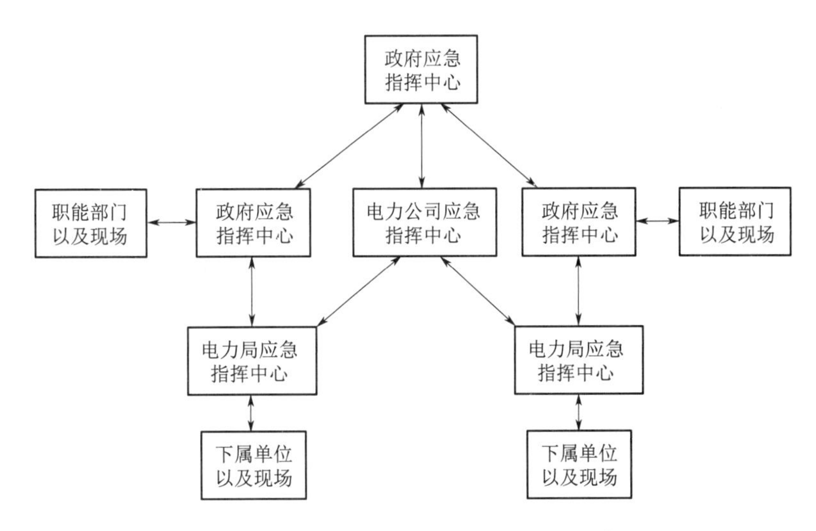

图 5－1　指挥中心及演练点的逻辑示意图

2. 信号源分析

信号源有两类，包括指挥中心会场音、视频信号以及远程通信指挥系统信号。

3. 信息点（指挥中心）分析

（1）指挥中心包括政府电力应急指挥中心、参演的政府职能部门、电力公司（局）应急指挥中心、参演电力公司（局）下属单位。

（2）实时现场包括城市生命线系统、重要生产企业、人员密集区域（商场、高层住宅小区）、公共设施等。

4. 技术支持系统分析

技术支持系统是整个演练过程的基础载体，是为整个演练过程搭建的操作平台，

根据演练的功能要求，技术支持系统共分为五个部分：音视频信号、PPT 信号全交互会议平台；会场扩声、视频投放、矩阵切换等集成系统；演播系统；指挥通信系统；传输网络。技术支持系统的架构如图 5－3 所示。

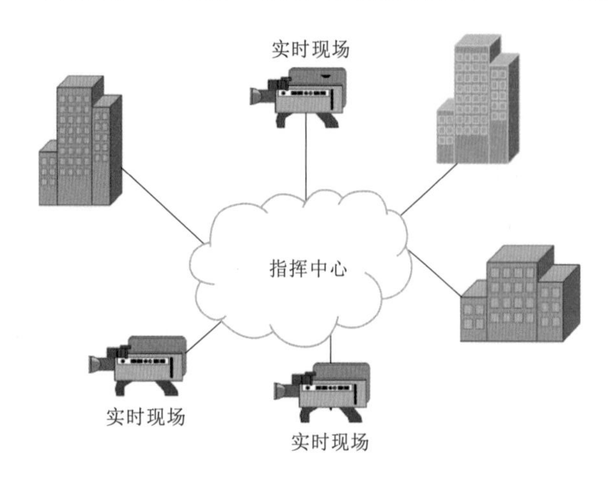

图 5－2　指挥中心与演练点的结构示意图

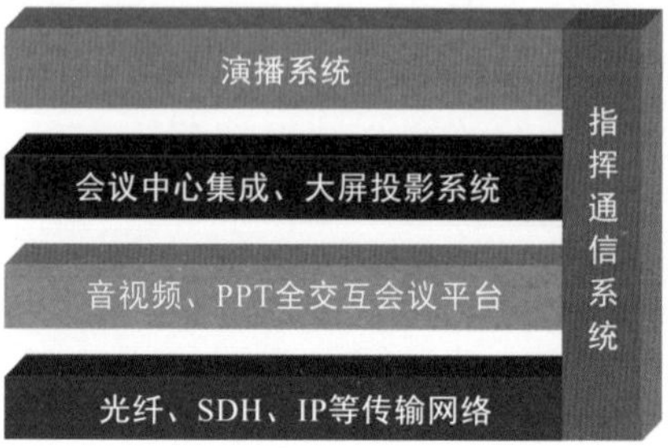

演播系统
会议中心集成、大屏投影系统
音视频、PPT全交互会议平台
光纤、SDH、IP等传输网络
指挥通信系统

图 5－3　技术支持系统的架构

（1）音频信号、视频信号、PPT 信号全交互会议平台。

1）平台主要技术要求。可自主选择、多路接收，按照演练进程，每个指挥中心（分会场）都能根据需要自主选择接收多路其他指挥中心（分会场）的音频、视频信号以及 PPT 信号，并且投影在显示大屏的不同位置，全分散控制；可支持多会议、动态切换，根据演练进程的安排，各个指挥中心（分会场）要加入不同的会议，进行动态切换。因为，大面积停电事件演练有并行演练的情节，要做到互不影响，而且在各个同步点又要能够准时切回到主会场里来；可保护投资，演练结束后，本系统还可以安装到其他应用场合，作为一种功能灵活的视频会议系统继续发挥作用。

2）现有专网条件。利用现有电力专网条件，基本可以满足联合演练的通道需求，还可以寻求参演的政府部门的帮助，利用电信的通道。

由于参演单位较多，要呈现演练过程，现有的视频会议系统以及视频监控系统均不能完全满足大面积停电事件应急联合演练的需要。因此，针对大面积联合演练的要求，需要搭建一套音、视频信号以及电子文件信号（如 PPT）全交互式多媒体交互平台，来满足大面积停电事件应急演练的要求。

3）视频的输出方式。在电脑屏幕上可以同时看到所有与会成员的视频，其中一幅大图是连续图像，其他为不连续的小图，点击小图就立即变成连续图像在大图区显示，原大图区的连续图像变为不连续的小图在小图区显示。通过终端视频口输出的视频是全屏的大图，电视墙上只看大图区的连续视频。视频质量为 4CIF，是目前会议电视图像质量清晰度的四倍。

4）特点。所有终端可以将本方音视频发送到会议，同时通过信令任一终端可以将任何一个与会成员的视频作为主视频（大视频）输出。同时还可以监控到所有与会方的小视频，简单点击就可以让会议服务器发送被点击方的全视频码流。各终端的操作互不影响。会议服务器是根据各终端的要求发送不同的视频流到各相应终端，可以形容为自由点播的视频会议。

（2）会场扩声、视频投放、矩阵切换等集成系统。会场扩声、视频投放、矩阵切换等集成系统包含音频扩声子系统、视频显示子系统、数字拼接大屏幕显示系统等三个子系统。

（3）演播系统。演播系统是完成整个演练过程画面、声音切换、播出以及录像播放工作，一般通过和当地的电视台合作来实施，租用电视台专业演播设备，需要注意的是，电视台本身设备数量不多，基本上是临时租用性质的。包括：音、视频演练录像资料的拍摄；提供设备：播放、切换以及导播设备；人员的提供：导演和其他演播专业技术人员。

（4）指挥通信系统。要想取得演练的成功，还需要一套简单、实用、运行可靠的能够覆盖整个演练区域的指挥通信系统。由于演练地域广，一般集群无线通信手段无法覆盖。

解决方法是采用电话会议系统支持多会议同时开通的特点，再加上移动通信网络覆盖面广的特点，移动电话拨入电话会议系统相应的会场，组成不同的指挥通信组。如果没有配备电话会议系统，也可以在此机会配备，电话会议系统可以为电网生产管理提供方便、快捷的会议服务。

（5）传输网络。传输网络的主要作用是为技术支持系统提供传输通道，电力通信专网已经实现了光纤通信覆盖全系统，在大面积停电事件联合演练中，需要联通电力公司和政府部门，或者政府部门之间的通道，在必要的情况下，可以寻求政府部门的帮助，利用政府资源，调动电信等公网通信资源，提高工作效率。如果使用卫星通信等无线手段，要充分考虑恶劣天气因素的影响，做好备用方案。

5.2 广州供电局应急一张图系统数字化支撑

1. 系统建设背景

近年来，广州供电局应急管理机制有效运转，有序应对处置多起突发事件和多次灾害天气，在多次应急工作实践过程中，积累了如下经验：

（1）平时预、灾前防、灾中守、灾后抢、事后评，如图 5-4 所示。

（2）应急响应指挥机制，如图 5-5 所示。

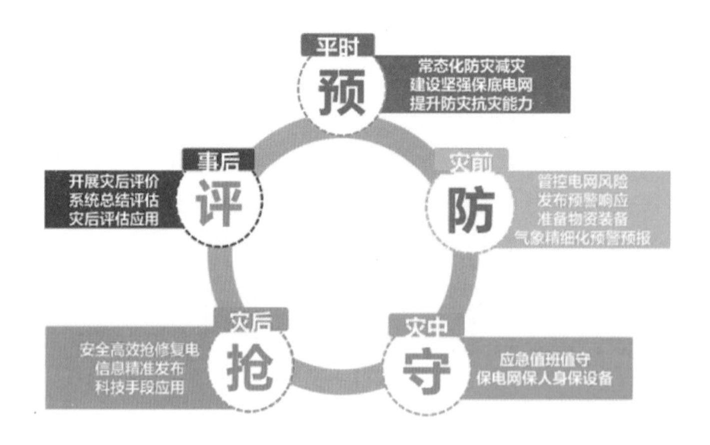

图 5-4 广州供电局应急管理机制运转示意图

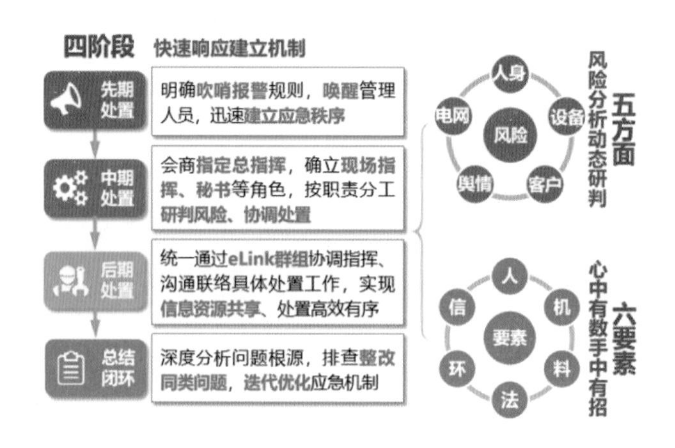

图 5-5 广州供电局应急指挥机制示意图

（3）强化应急指挥数字化。目前应急一张图在获取突发事件应急信息等方面发挥了一定作用，强化各级应急指挥中心值班人员对数字化、信息化系统应用，实现应急决策一体化、应急指挥专业化、指挥手段信息化。应急一张图系统三阶段应用的示意图如图 5-6 所示。

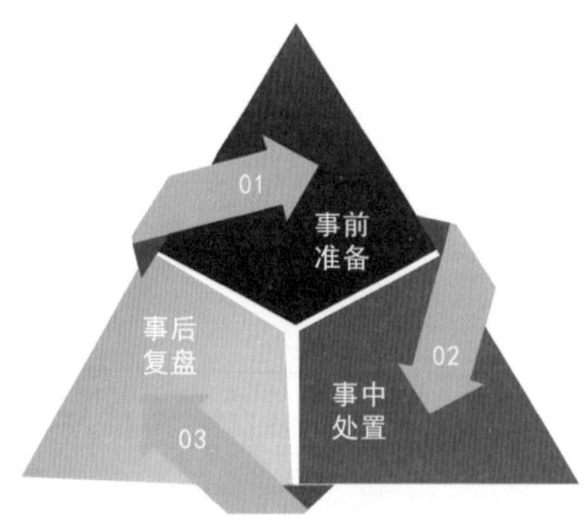

图 5-6 应急一张图系统三阶段应用的示意图

1）事前准备：编制预案、开展演练、应急培训、梳理应急队伍、装备、物资。

2）事中处置：第一时间监测风险、第一时间获取信息、第一时间启动应急、第一时间通知人员、第一时间派发工单。

3）事后复盘：全流程记录、点评式复盘。

2. 功能架构

应急一张图系统功能架构如图 5-7 所示。

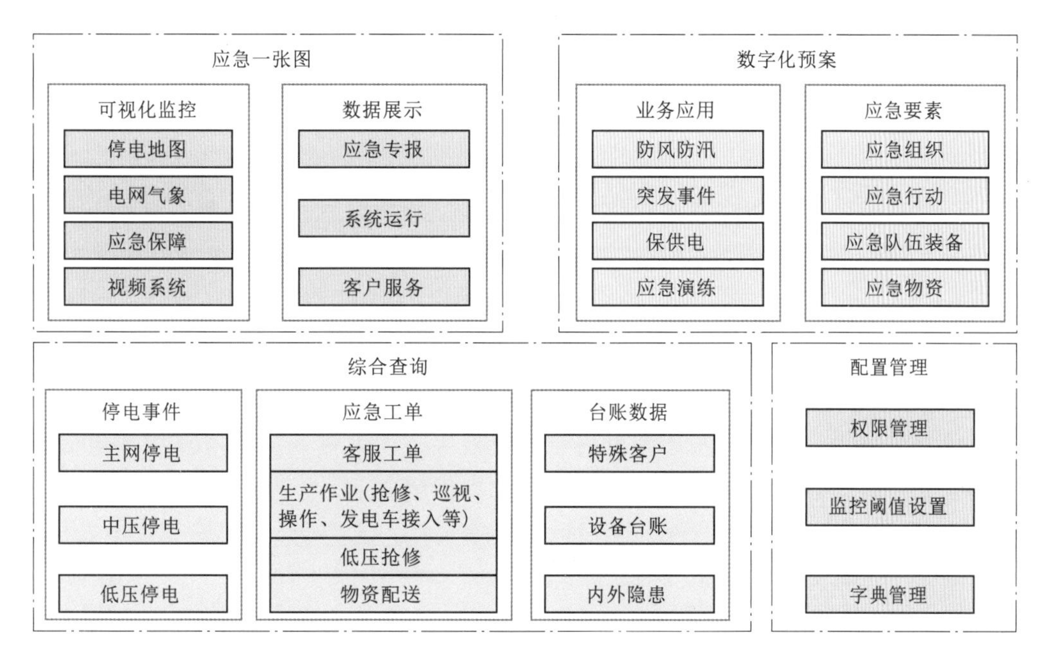

图 5-7 应急一张图系统功能架构

基于数据共享服务，建设一体化的协同应急指挥平台，构建不同应急协同业务应用，支撑个性化业务需求。应急一张图系统一体化指挥平台系统架构如图 5-8 所示。

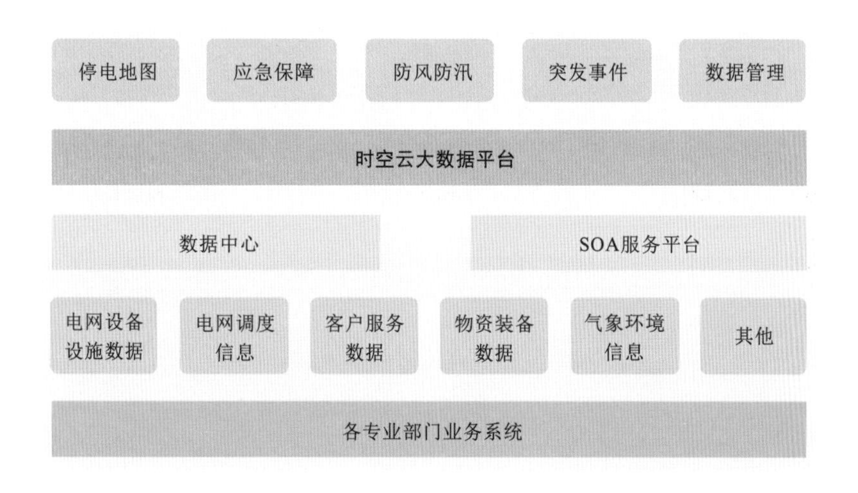

图 5-8 应急一张图系统一体化指挥平台系统架构

(1) 一体化应急管理平台：三体系一机制、应急指挥中心、统一管控平台。

(2) 4 个业务应用：防风防汛、突发事件、保供电、应急演练。

（3）5 类数字化工具：数据直采直送自动统计、任务流程可视化、电话群呼、eLink 融合消息推送、事件等级自动研判。

（4）13 个支撑系统：停电池、数据中心、时空地图、客户全方位监控、带电作业 App、电网管理平台、车辆管理系统、配用电系统、调度自动化系统、状态评价系统、应急通信综合应用平台、舆情可视化系统、快速复电系统。

3. 功能介绍

（1）数据融合。按照“能接尽接，急用先接”的原则，持续推进各专业应急数据实时接入，建立信息共享交互机制。经梳理，目前应急一张图基于数据中心、时空地图接入数据或应用数据服务共 26 个数据大项，涵盖 16 个部门单位。应急一张图系统应用效果展示（一）如图 5－9 所示。以应急管理的视角进行数据调研、接入、关联、分析和展示，贯通数据链条，充分共享应用各专业应急信息。多维度获取防灾减灾救灾相关数据，减少信息不对称，提升应急处置效率。计划接入整合应急指挥通信平台音频、视频信号，体现平台化调度、统一指挥等作用。

序号	数据类别	数据内容	数据描述	数据来源	责任部门/单位
1	系统运行	故障停运	主配网故障跳闸、紧急停运停电事件（含确认的疑似停电）	配用电系统	系统部
2		计划停电	主配网停电计划（含低压计划）	配用电系统	系统部
3		主配网接线图	主网一次接线图、配网馈线单线图	调度自动化、时空大数据平台	系统部、信息中心
4		变配电视频	查看变电站视频、电房视频	输变配一体化智能视频监控平台	系统部
5	客户营销	用户停复电信息	主配网停复电用户数（含低压故障停电数）、特殊用户受影响情况	停电监控平台	客服中心、信息中心
6		计量实时停电	实时配变计量停复电信息	计量自动化系统	计量中心
7		特殊客户信息	掌握重要用户、重点关注用户、保供电客户电源信息、地址定位和停电影响情况	停电监控平台	客服中心、信息中心
8		停电区域	停电事件对应停电区预渲染	时空大数据平台	数字化部、信息中心
9		客服工单	95598客户报障投诉类工单	营销系统	市场部、客服中心、信息中心
10	生产设备	设备受损信息	输变配设备设施受损及恢复情况统计	应急一张图	生技部、运监中心
11		设备气象	降雨、温度、风速、台风路径、雷电信息	状态评价系统、时空大数据平台	试研院、信息中心
12		缺陷隐患	主配网设备树障、内涝、飘挂物、外力破坏等隐患信息	电网管理平台、巡视APP等	生技部
13		主配网沿布图	输电线路、变电站、馈线沿布图	时空大数据平台	生技部、数字化部、信息中心
14		低压工单	低压故障抢修工单	快速复电系统	生技部
15		发电车工单	发电车台帐、发电车出动工单（含计划和故障抢修）	带电作业APP	信息中心
16	供应链	应急物资	仓库、库存信息	物流宝	供应链部、信息中心
17		物资配送信息	配送工单、需求明细	物流宝	供应链部、信息中心
18	安全监管	应急预案	专项应急预案、现场处置方案、应急处置卡	应急一张图	安监部
19		防风防汛	预警响应通知单	应急一张图	安监部
20		保供电	保供电任务、用户、场所、设备等	应急一张图	安监部
21		应急通信	多模终端、800M、TVU、卫星车等列表、定位信息、语音对话、视频对话、视频监控	应急通信综合应用平台	通信中心
22		作业工单	各类电力生产现场抢修、抢修、试验、检验、消缺、维护、安装、调试、验收、巡视、倒闸操作等线上工单	电网管理平台、可视化监控系统	安监部、生技部、信息中心
23		作业视频	重要抢修现场实时监控视频	可视化监控系统	安监部、生技部、信息中心
24	办公综合	车辆信息	局车辆台帐和移动GPS数据	车辆监控系统	办公室
25		疫情防控	疫情风险区域、风险等级、防控时间	时空大数据平台	办公室、信息中心
26	数字政府	政府视频	城管、交警、水务等视频	视频云	信息中心
27	新闻舆情	新闻舆情信息	突发事件舆情监控信息	舆情可视化系统	党建部、新闻中心

图 5－9　应急一张图系统应用效果展示（一）

（2）可视化监测。

1）停电地图。可解决“突发事件风险在哪里”问题，确保应急指挥中心掌握受灾情况。

a. 恶劣天气在哪里（环境风险）：接入实时天气、视频，实时展示设备设施气象和现场情况，分析薄弱环节，辅助布防勘灾。

b. 停电在哪里（电网设备风险）：实现设备停运、用户停电实时监控，结合线路地理沿布图和单线图，直观展示定位停电位置、受影响设备和用户信息。

c. 用户诉求在哪里（客户风险）：直观展示停电用户数、停电区域、特殊用户受影响情况、95598 客户报障投诉类工单等情况。

d. 抢修作业在哪里（人身风险）：集成勘灾、抢修、操作等处置相关工单，掌握整体状况，查询开工数量、风险分布等信息。

应急一张图系统应用效果展示（二）如图 5-10 所示。

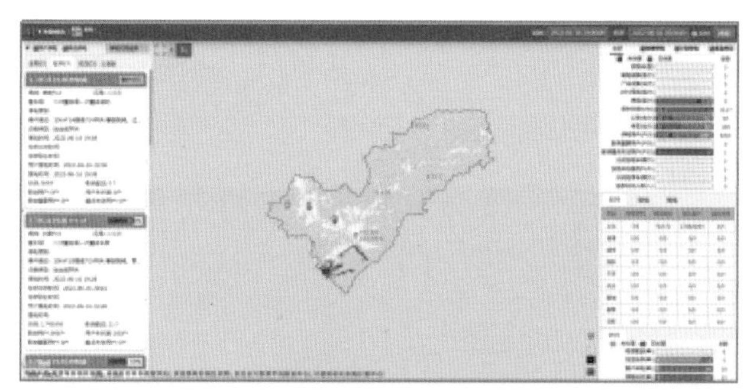

（a）停复电信息汇总展示

（b）停复电情况可视化地图展示

图 5-10　应急一张图系统应用效果展示（二）

2）应急保障。应急队伍、装备、物资等资源的快速投入是突发事件应急处置的关键保障。

a. 应急装备：与带电作业 App、车辆管理系统对接，并做好龙吸水、照明灯车等装备台账维护，实现应急装备实时定位和状态监测。

b. 应急队伍：综合展示日常管理内外部应急队伍和战时网格化队伍台账及位置，清晰地了解当前抢修力量分布情况。

c. 应急物资：集成物流宝仓库物资信息，综合展示物资库存及位置，并跟踪应急物资配送过程。

（3）业务应用。

1）防风防汛。

a. 事件监控：灾前防阶段，掌握风险隐患情况，跟踪灾害天气可能对电网造成的影响；灾中守阶段，集成受灾电力设备、影响用户等数据，支撑灾情研判与资源调配；在灾后抢阶段，实时跟踪灾损和复电信息，科学组织全面抢修复电。

b. 业务应用：收集全局设备内涝、树障等防风防汛隐患信息并展示；实现应急专报自动统计，减轻基层数据统计的负担；以流程可视化形式支撑工作开展情况纵览，推动防御措施落实到位，事后全面进行复盘；台风预警期间推送“灾前防、灾中守、灾后抢”各阶段防御任务并监控接收情况；响应期间设置停电告警阈值，强呼提醒应急人员关注灾情。

应急一张图系统应用效果展示（三）如图5-11所示。

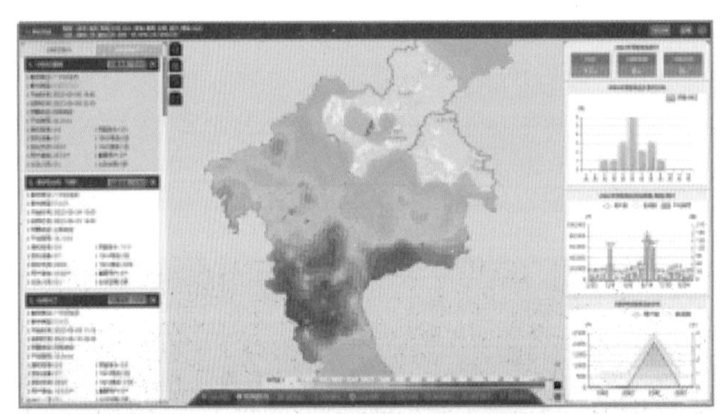

（a）气温、降雨量等气象信息展示

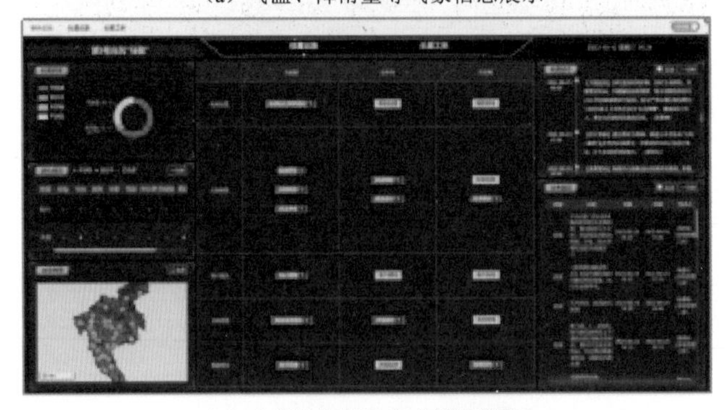

（b）灾害防御任务完成情况监控

图5-11 应急一张图系统应用效果展示（三）

2）保供电。

a. 保电监控：建立统一保电监控平台，直观展现保供电设备、场所和巡视、资源等情况，设备跳闸后可精准研判故障，疫情期间通过标识风险区域掌握保电设备、用户受影响情况，辅助协调指挥。若具备条件可集成电源拓扑追踪、计量数据监测、保电设备视频、活动场所政府视频等，实时监测保电设备电气量、场所环境，保电监控更可感。

b. 业务应用：制定、发布保供电计划，后续将生成保电任务并提醒各部门开展工作（或对基层班组下发巡视、用检工单，停电后自动生成突发事件并吹哨唤醒）；充分利用历史保供电数据，展现高频次保供电场所情况，提升管理效率。

应急一张图系统应用效果展示（四）如图 5－12 所示。

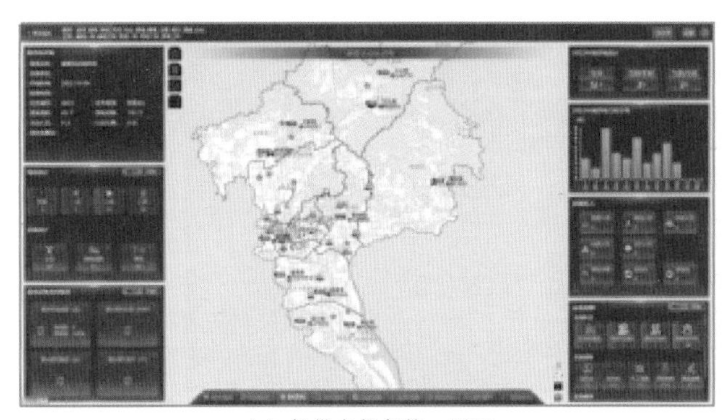

（a）保供电任务统一展示

（b）重要保供电场所库

图 5－12　应急一张图系统应用效果展示（四）

3）突发事件应急处置数字化预案。

a. 对突发事件应急处置流程进行模块化设计，明确各阶段各部门任务和风险，并在系统固化应急行动和应急组织，推动应急管理人员做到“三个清楚”（清楚应急职责、预案、流程）。

b. 根据突发事件分级标准，构建预警数据模型，在突发事件先期处置环节，开发“吹哨唤醒”功能，实现突发事件自动研判、响应机制快速触发、应急人员电话唤醒。

c. 在原有停电事件、客服工单、发电车工单等基础上集成勘灾、抢修、操作等全过程作业工单，实时了解处置进展、资源投入等情况，并实现穿透式监督管控功能，杜绝体外循环、工单逻辑不符等情况。

d. 数字化预案的核心在于突发事件发生后，指挥系统通过对应急队伍、物资装备等情况的掌握，制定资源部署和配置计划并下达指挥指令，利用决策流程实现应急指挥中心和突发事件现场间的信息互通和互动，现阶段仍有较远距离。

应急一张图系统应用效果展示（五）如图 5-13 所示。

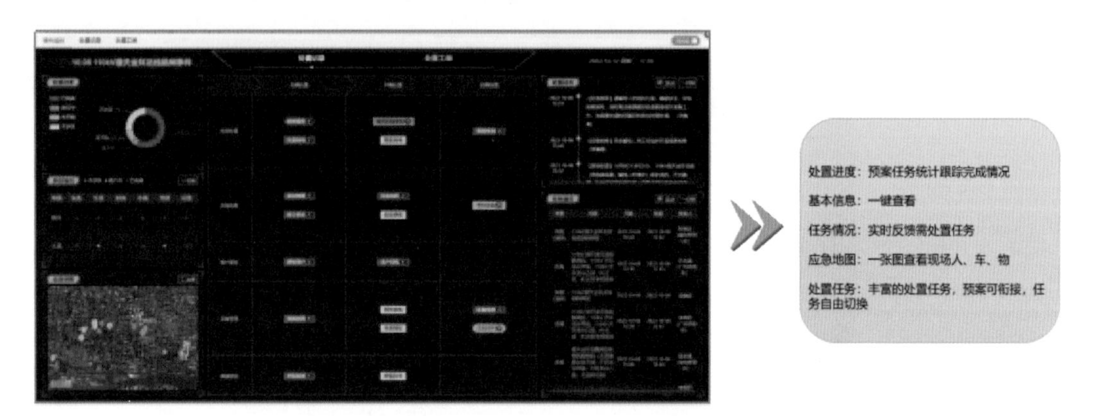

（a）数字化预案展示　　（b）数字化预案介绍

图 5-13　应急一张图系统应用效果展示（五）

4）应急演练。基于调度员培训系统（DTS）、配用电系统、停电监控平台等完成演练模式开发，在广州市大面积停电应急演练、广州供电局大面积停电应急演练、北江大堤暨防风防汛应急演练中应用，提升跨专业联合应急演练系统支撑能力。应急一张图系统应用效果展示（六）如图 5-14 所示。

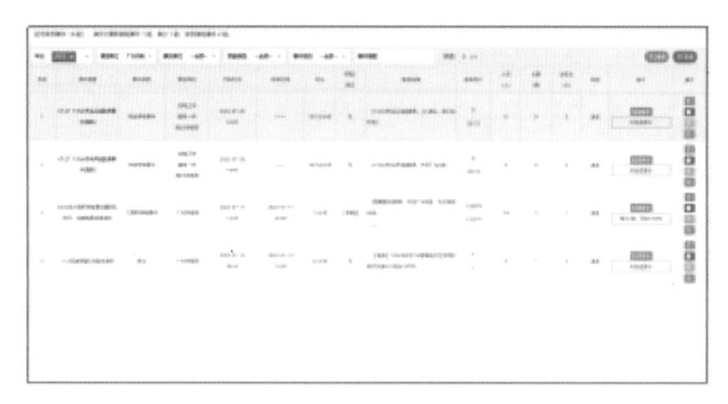

（a）突发事件统计汇总

图 5-14（一）　应急一张图系统应用效果展示（六）

（b）数字化预案在演练中的应用

图 5-14（二） 应急一张图系统应用效果展示（六）

第 6 章

大面积停电事件应急演练实践探索

6.1 国内近年来大面积停电事件应急演练实践探索

1. 应急演练理论和方法

应急演练是政府检验应急预案、完善应急准备、锻炼专业应急队伍、磨合应急机制以及开展科普宣教的主要手段，是政府和企事业单位提高应急准备能力的重要环节。目前国家和地方各级政府的相关法律法规、部门规章和预案都对应急演练的频次、内容等提出了多方面的要求。在实际应急管理工作中，政府和企事业单位对应急演练工作都十分重视，规范应急演练活动，提高演练的真实性，最大限度地发挥演练的作用，已经成为各级应急管理部门普遍关心的重要问题。

2003 年我国成功应对“非典”疫情以后，应急预案进入快速发展阶段，目前的预案体系涵盖了自然灾害、事故灾难、公共卫生事件和社会安全事件等各个领域，各级政府以及有关部门均结合实际编制了应急预案，中央企业应急预案编制率达到 100%。建立了多个专业和综合性的应急培训与演练基地，各部门和各地方结合预案开展了不同层次的应急演练。

2009 年 9 月，国务院应急办出台了《突发事件应急演练指南》，这是国内专门用于规范全国各领域应急演练活动的指导性文件，《突发事件应急演练指南》从组织形式、内容以及目的作用三方面对演练活动进行了分类。按组织形式划分，应急演练可分为桌面演练和实战演练；按内容划分，应急演练可分为单项演练和综合演练；按目的作用划分，应急演练可分为检验性演练、示范性演练和研究性演练。

在电力行业，2005 年 5 月，国务院办公厅印发了《国家处置电网大面积停电事件应急预案》，标志着国家电力安全应急机制的建立。2009 年 5 月，原国家电监会出台《电力突发事件应急演练导则（试行）》，指导和规范电力突发事件应急演练的组合和开展，提高电力行业应急演练的效果和科学性。国家电网公司及南方电网公司都进行过大规模的（省级）综合应急演练。2006 年 10 月 12 日，广东省在全国率先举行省级电网大面积停电事故应急联合演练，开创了国内大规模的（省级）综合应急演练的先河。2015 年 6 月 30 日，全国首次大面积停电应急处置“功能＋实战”演练在宁波举行，集中检验和考验了大面积停电事件应急状态下各级政府、部门和重点行业的协调指挥和应急救援抢修能力，锻炼了应急队伍。但目前的应急演练方式主要注重演练联动性及配合性，一般都有相应的演练方案和脚本，缺乏相应的真实性。

国内的演练缺乏体系性，仅仅在分类上进行了探讨，没有深入的思考和研究，需要结合电网实际应急演练需要进行针对性的研究。

2. 应急演练评估技术

国内外少见专门涉及应急演练绩效评估方面的文献资料。在实际操作过程中，较常见的方法是表格评分法，即演练评估人员持有一份由演练策划方提供的评估表格，在演练过程中根据表格内容的提示对演练人员的表现进行逐项评分。该方法的好处是易于操作，评估结果能够详细地反映演练人员在演练过程中的表现。但其缺点亦十分明显，由于缺少科学的数据处理手段，评估表格中零散的评分数据难以整合成一个从宏观上反应演练整体实施情况的量化结果，不能充分挖掘评估数据所蕴含的信息，因而难以全面、科学地反映参演单位部门所具备的整体应急水平。

应急演练绩效评估方法应具备实时性强、易于操作的特点，能在演练结束后较短时间内得出客观反映实施演练的评估结果，以利于后续总结工作的开展。

现在国内外应用较为广泛的绩效评估方法有层次分析法（AHP)、关键业绩指标法（KPI)、平衡计分法（BSC)、模糊综合评价法等，这些方法虽然具有系统性强、分析问题全面的特点，但须以庞大的指标体系为依托，操作起来要耗费大量时间和人力，不适合直接用于应急演练评估工作。因此有必要研究各类应急演练的评估模式、指标和方法，提出应急演练效果评估的标准化方法和规范。

国内对于评估目前还存在方法单一的问题，以指标进行评价的现象还比较突出，但是关键的可评估的定性和定量指标依然欠缺，并且没有其他更有效的评估方法，需要进一步深入研究。

3. 情景推演技术

国内很多企业、科研机构和高校都展开了应急演练模拟仿真的研究。

(1) 中国科学院围绕应急模拟演练系统中的方案推理过程，提出并设计了一种基于 Delta3D 三维仿真引擎的方案推演系统，利用该系统能够扩展构建各种用途的模拟演练推演系统。

(2) 华中科技大学系统工程研究所提出了国民经济动员网上仿真演练示范项目的总体方案，并开展国民经济动员仿真演练系统的研究和开发，该系统主要包括演练剧情生成和演练管理两个部分，分别属于剧情生成技术研究和分布式离散事件仿真的范畴。

(3) 北京工业大学研究了如何综合应用 XNA、WCF、WPF 技术，通过集成 GIS 系统中的地理信息来快速搭建 3D 应急演练场景，实现多个应急演练客户端演练场景信息的同步和即时通信。

(4) 西安电子科技大学设计和实现了一种基于 Quest3D 三维引擎的应急预案三维自动演练系统。

(5) 电子科技大学开展了三维可视化技术在空战演练系统中的应用研究，对战场的信息化、数字化建设具有积极意义。

6.2 南方电网近年来大面积停电事件应急演练实践探索

广州受亚热带季风气候影响，台风、强降雨、洪涝等汛期灾害突出，危及电网安全运行。2015 年 10 月 4 日，受强台风“彩虹”影响，500kV 广南变电站因突发龙卷风正面侵袭全站失压，导致 40.9 万户停电。广州供电局迅速响应，第一时间开展应急处置：一是集中调控模式高效运转，5h 内恢复所有失压用户供电，其中主配调度紧密协同，按照应急预案，通过遥控转电迅速恢复网架及用户供电，营配联动收集需求，跨区调配发电车优先支援部分重要用户、敏感用户及变电站紧急用电；二是政企联动开展设备抢修，省市主要领导现场坐镇指挥，应急队伍、物资迅速到位，高效有序开展受损设备抢修，5 天内完成所有抢修复电；三是及时总结有效闭环，应急处置结束后迅速开展后评估工作，针对暴露问题制定强化网架、完善客服机制等 27 项整改计划，定期督查整改落实情况，确保管控有效闭环，提升电网本质安全水平。

为继续做好电网安全风险管控，广州供电局结合“彩虹”“山竹”等强台风致使电网受灾的历史经验，对潜在影响电网安全的自然灾害、设备故障、网络入侵等情景要素逐一进行风险辨识评估，在大面积停电应急预案中开展针对性的情景构建，逐步形成特色鲜明的实战型情景式应急演练模式。自 2005 年起，在政府主导下，联动公安、交通、水务、林业等部门，持续开展年度全市大面积停电应急演练，积累经验，以演促建，不断优化应急演练模式，持续提升应急处置水平。

为继续提高全市应对大面积停电事件应急处置能力，在南方电网公司、广东电网公司的统一部署和精心指导下，经过近半年的认真筹备，2020 年广州市大面积停电应急演练于 11 月 19 日在南沙圆满完成。演练全方位检验了企业及政府部门、相关行业协同作战能力，成效得到了国家能源局、广州市政府的高度肯定，充分彰显了南方电网公司服务粤港澳大湾区建设的责任担当。

1. 演练规模

2020 年广州市大面积停电应急演练由广东省能源局指导，广州市政府、南方电网公司主办，广州市工信局、广州市应急局、广州供电局承办，公安、消防、地铁等 20 家部门单位参与演练，参演人数达到 1500 人。150 余家单位、1200 余人观摩了本次演练，除广州市政府相关部门、南网系统内相关单位、15 家新闻媒体和广州供电局所属各单位外，国家能源局特别安排参加全国电力应急管理工作的领导和专家进行了观摩。演练参演人数和观摩范围为广州市历年大面积停电应急演练之最。2020 年广州市大面积停电应急演练主会场如图 6-1 所示。

(a) 演练主会场全景图

(b) 演练主会场大屏幕

图6-1 2020年广州市大面积停电应急演练主会场

2. 情景设置

演练情景模拟强台风登陆广东省沿海地区，受局部强对流天气影响，广州南沙等区域共1个500kV变电站及8个220kV变电站同时失压，白云区部分110kV线路跳闸，多处输变电设备受损，全市电网减供负荷达170万kW，约占广州地区总负荷10.3%，达到《广州市大面积停电应急预案》一般事件标准，广州市政府根据灾情需要启动大面积停电Ⅳ级响应，成立市大面积停电事件应急指挥部，联合各成员单位协同实施处置。2020年广州大面积停电应急演练处置现场如图6-2所示。

3. 演练成效与特点

(1) 政企联动精心筹备。

1) 政府全面主导。广州市副市长胡洪与南方电网公司副总经理刘启宏共同担任总指挥，市工信局牵头组织策划工作，召集市大面积停电联席会议成员单位，历时半年，精心筹备。

2) 各行业积极参与。各参演单位在筹备期间深度参与，脚本编制、视频拍摄、场景设计、流程优化等全环节积极献策，有效磨合市大面积停电预案中“分级负责、协调运作”工作机制，为演练顺利实施提供有力保障。

(2) 科技领航沉浸式体验。

1) 精心设计现场布景。系统梳理习近平总书记关于应急管理的重要论述、上级政策文件、各层级预案要求，制作贴合演练主题的会场背景展板，提升参演及观摩人员对习近平总书记“两个坚持，三个转变”防灾减灾救灾新理念、国家能源局有关工作要求的认识，充分展示了广州市和广州供电局近年来在应急体系建设方面的成果，如图6-3所示。

（a）模拟台风登陆

（b）模拟变电站受灾情况

图 6－2　2020 年广州市大面积停电应急演练处置现场

（a）广州市电力应急管理机制

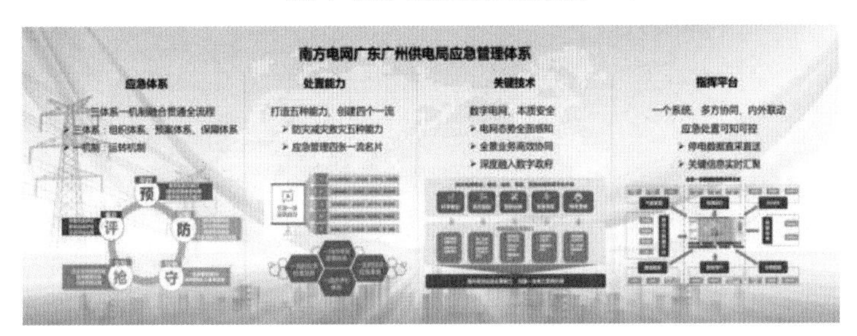

（b）广州供电局应急管理体系

图 6－3　广州供电局近年来在应急体系建设方面的成果汇总

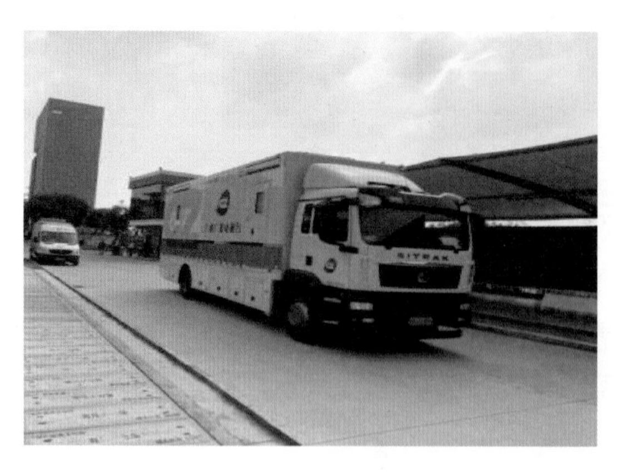

图 6-4 专业保障队伍

2）专业团队保障效果。一是引入广州电视台专业队伍，依托其大型活动直播转播技术保障能力，确保演练效果；二是协同第三方专业演练策划团队，借鉴其丰富策划经验，协助完成脚本编制和场景拍摄；三是积极对接中国电信，利用 5G 通信、专线传输等手段，保障演练主会场与白云机场、南沙区等分会场之间连线畅通。专业保障队伍如图 6-4 所示。

3）先进技术应用支撑。演练全面应用了应急指挥、灾情勘察、抢修复电等方面的最新技术成果，充分体现广州供电局近年来在应急管理技术开发和应用方面的先进水平，包括“应急一张图”“5G+智能机器人”智能运维、程序化操作、配网自愈控制、电子围栏技术等数字化技术。同时，在主会场集中展示了龙吸水排涝车、雷电冲击车等大型应急抢险装备和壁虎机器人、检修无人机等便携式勘灾装备，如图 6-5 所示。

（a）电力装备检修试验车

（b）带电作业先进装备

（c）应急排水抢险车

图 6-5 先进技术装备展示

（3）复杂场景实战型检验。

1）演练场景贴近实战。本次演练充分考虑广州沿海台风多发气候特点，以台风灾害引发广州南部电网故障、导致大面积停电为主线开展，分监测预警、启动响应、应急处置、响应结束四个阶段进行演练，覆盖了大面积停电应急处置的监测、预报、会商、指挥、调度、预警、抢修、转移、恢复等全过程，流程上对《广州市大面积停电事件应急预案》进行完整检验，全方位检验电网企业及政府部门、城市生命线系统、社会民生系统应对大面积停电的应急处置能力。

2）突出政府统一领导。本次演练以检验政企联动机制为重点，大面积停电事件发生后，市政府按照应急预案迅速成立电力应急指挥中心，工信、应急、公安、消防、交通等部门现场紧急会商，统一指挥协调，开展交通枢纽、通信保障、民生系统、危化工厂等应急处置工作，集中检验了广州市大面积停电应急处置联席会议工作机制的有效性。

3）各行业各司其职。演练过程中，各行业各司其职、密切配合、紧密沟通，电力、化工、通信、医疗、商业用户等单位同步处置，维护了社会稳定和正常生产生活秩序。本次演练设置了因停电造成各行业相互交织影响的复杂场景，通过实战进一步检验了重要电力用户的自救自保能力和协同作战能力。各行业协同如图 6-6 所示。

图 6-6　各行业协同

4）优化创新演练模式。本次演练采用桌面推演、功能演练、实战演练等多种形式结合，对部分行业单场景采用视频录制展示，对严重受灾区域指挥部、抢修现场等综合复杂场景采用现场直播有效串联，在有限的时间（1 小时）内达到演练过程全面还原、关键环节重点演练的目的。

5）精心选取演练场地。为突出演练真实性、同时避免在运行设备操作，本次演练综合考虑选择南沙培训基地作为演练主会场和抢修现场，该基地位置处于模拟受灾区域范围，并设有输变配实训设备，可最大限度还原真实抢修场景，进一步增强现场感、真实感、参与感，如图 6－7 所示。

（a）广州供电局南沙应急基地场馆

（b）实训现场

（c）人员演练现场

图 6－7　广州供电局南沙应急基地

（4）全媒体全流程跟踪式报道。

1）策划阶段充分预热宣传。广州供电局有计划、有目的、分步骤、多渠道开展了演练预热宣传，有序通过报纸、微信、微博等媒体渠道，报道大面积停电科普、警示案例等相关内容，借助演练提高社会公众对大面积停电的认识认知，提升民众防范意识，共同维护广州电网安全稳定和城市公共用电安全，如图 6－8 所示。

2）实施阶段召开演练新闻发布会。积极与广州市委宣传部、广州市工信局沟通新闻发布方案和内容，演练实施阶段，同步召开专题新闻发布会进一步介绍演练开展情况，人民网、新华网等 15 家广播电视、报纸和网络媒体参加，引导社会、行业、用户、公众、家庭、个人树立大面积停电的灾害防范、准备、应对意识和安全意识。演练新闻发布会现场如图 6－9所示。

3）演练后期持续报道。演练结束后，多方协调媒体资源，通过电台、电视、平面、网络媒体持续报道，扩大应急演练的社会影响力。央广网、中国电力报等 30 余家媒体对演练报道超 70 篇次，增强了社会各界在面对突发性停电事件时的应急互救意识、应急自救意识及责任意识。演练后宣传报道如图 6－10 所示。

（a）报刊宣传　　（b）公众号宣传　　（c）微博宣传

图 6-8　媒体宣传

图 6-9　演练新闻发布会现场

4. 演练总结与提升

本次演练检验了广州市全市各相关部门单位、各行业、各主体应对大面积停电的应急处置工作机制，同时通过演练提高了社会公众对大面积停电的认识认知，引导社会、行业、用户、公众、家庭、个人树立大面积停电的灾害防范、准备、应对意识和安全意识，共同维护广州电网安全稳定和城市公共用电安全。

随着供电可靠性的不断提升，营商环境的不断优化，“简快好省”的用电体验让

澎湃

2020年广州市大面积停电应急演练

"场景真，形式活，技术新"广州市成功举行2020年大面积停电应急演练

2020-11-19 16:32

今日热点

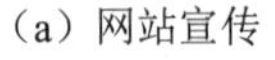

（a）网站宣传

要闻

强根铸魂促发展

为美好生活充电 为美丽中国赋能

演练出"真知" 抢修有速度

（b）报刊宣传

广州交通电台

11-19 20:45 来自微博 weibo.com

【#广州# 举行2020年大面积停电应急演练】今天（11/19），广州市2020年大面积停电应急演练在南沙区举行。演练由广东省能源局指导，广州市人民政府和南方电网有限责任公司@南网50Hz 联合主办，广州市工业和信息化局、@广州应急管理 、@广州供电 承办，胡洪副市长参加演练并担任演练总指挥。本次演练模拟全市大面积停电，在灾情勘察中，"5G+智能机器人"对输电线路、电缆隧道、变电站、配电房进行无人化、无死角巡检，将灾情第一时间传输到应急指挥系统，有效解决受灾现场人员无法快速到达进行灾情勘察的难题。在快速复电中，电网程序化操作、配网自愈技术实现自动操作、电网重构，快速转供恢复客户用电，将复电时间从传统人工的2小时缩短到15分钟以内。2005年以来，广州每年坚持举办大面积停电演练，在2015年抗击台风"彩虹"中，5小时快速恢复全部用户供电，创造了极端电网故障情况下恢复供电的"广州速度"。#广州爆料#

转发　评论　赞

（c）微博宣传

图 6－10　演练后宣传报道

市民在日常很少感受到停电带来的不便影响，广大市民对大面积停电的危机意识和应急意识存在逐步弱化的风险，容易产生对防范停电疏于准备、对电网建设和电力设施保护的重要性认识不足的情况，通过大面积停电应急演练呼吁全社会"居安思危"尤为必要。

广州电网是全国供电负荷密度最大的城市电网之一，在负荷密集区，平均每 $2km^2$ 就需要建设一座变电站，但由于传统上一些对电力设施的误解，造成输变电项目环评审批或建设受阻，在一定程度上导致局部网架薄弱的问题长期存在、难以解决。此外，在运行的设备也经常受到外力破坏的威胁，仅 2019 年一年内，广州电网电力设施外力破坏就达到 628 起，部分破坏还造成了较为严重的后果，在番禺区发生的一起违规顶管作业在 50min 内连续打穿多条电力电缆，造成三千余户居民停电，直接经济损失超 100 万元。做好大面积停电的应对，需要社会各界共同的参与和努力，需要充分认识到电网建设的重要性，切实增强保护电力设施保护的意识。

除了政府主管部门和供电企业、关键行业，广大用电客户也要做好自身应急能力的建设。对于医院、学校、机场、地铁、码头等重要电力用户，要进一步提升自身抵御停电的应急能力建设，加强应急电源建设和自备电源配置，提高自身供电可靠性和应急能力，确保在停电后能够第一时间启动备用电源保障重要设施供电，避免造成次生灾害事故。对于普通市民，平时应在家中准备手电筒等应急照明器具。遇到停电时，保持镇定，选择留在安全的地方。广州高层建筑多，据了解还有较多没有配置应

急电源，在停电时，电梯停运容易造成大量人员受困，甚至造成次生灾害事故，高层建筑用户要进一步加强自备电源配置，保障人员安全。

同时，广州供电局在演练完成后及时总结，根据演练过程中暴露的不足制定提升整改措施。对内进一步完善大面积停电应急指挥体系和运转机制，修订、完善各项预案，优化、细化处置流程，提升应急处置能力。对外依托市大面积停电应急处置联席会议平台，推动各行业之间的交流沟通和信息资源共享，完善电力与城市生命线系统、社会民生系统的应急联动处置机制，积极探索应急场景下各行业高效配合的协作模式，包括交通保障、防洪排涝、燃油补给等方面，提升协同响应能力和应急处置效率。

第 7 章

关于大面积停电事件应急演练未来发展的思考

7.1 大面积停电事件应急演练未来发展方向思考

1. 大面积停电演练场景更加关注巨灾情景

当前各地开展的大面积停电应急演练，一般均假设物资保障充足，按照一定的固定流程（如依据预先设计好的演练脚本）来开展的。此类演练虽然可以很好地检验各级大面积停电预案的有效性和可操作性，使各参演方能够明确各自的职责，也能够起到非常好的展示各方电力应急能力的效果。但是，该类演练情景一般均不考虑未来可能面临的极端情景，对于可能面临的各类急难险重任务和自身能力上的短板不足关注较少，很难起到深入挖掘应急能力短板和不足的作用，难以做到从根本上提升大面停电应急能力。

因此，未来要更加关注极端情景，在科学开展风险分析的基础上，开发各类巨灾引发的大面积停电应急演练。要更加重视以暴露问题为根本出发点的大面积停电应急演练，如探索在各种应急资源不能够充分满足需求的情况下，如何开展大面积停电演练等。

从近年来全球发生的影响较大的大面积停电事件来看，出现了一些巨灾情景或此前未曾出现的一些极端情景（如乌克兰电网大停电、委内瑞拉大停电等）。这些影响大、类型新的大范围停电事件对一个国家和地区的电力应急能力提出了严峻的“极限压力”和峰值需求挑战，值得我们高度关注。为此，建议在今后的大面积停电应急演练中应高度关注巨灾情景，按照最坏可信情景和最大资源需求，科学设计停电场景，有计划地开展大面积停电应急演练。

这些极端情景一般包括极端自然灾害、严重的物理破坏或网络攻击、电网缺陷或管理失效等因素导致的大范围停电，更为极端的情况下这些因素可能会单独导致或叠加导致区域电网解列崩溃引发全网停电。今后，值得高度关注的大面积停电假想巨灾情景见表 7-1。

2. 大面积停电演练主体更加明确，定位更加清晰

进一步突出地方政府在大面积停电事件应急演练中的主导地位。自 2015 年《国家大面积停电事件应急预案》发布后，各级政府作为大面积停电事件应对处置的主体已经成为各地共识，因此在今后各地组织的大面积停电事件应急演练活动中，地方政府应当进一步提高统筹协调能力，建立演练工作长效机制，将演练工作做实做细做好。

明确大面积停电演练由地方政府领导、组织和实施的基本原则，地方政府处于主导地位，电力企业是电力业务范围内应急处置的主体、有关部门和涉事企事业单位是次生衍生事件处置的主体，所有部门、单位和电力企业均需在地方政府的统一领导下，统筹开展大面积停电事件应急演练工作。

表 7-1 未来需高度关注的大面积停电假想巨灾情景

诱发因素类别		停电范围	影响后果
极端自然灾害	超强台风	一省大部或多省范围停电，或者区域全停，达到重大或特大以上等级	(1) 对一省或多省工业生产、居民生活和社会秩序带来严重影响。 (2) 可能需要采取“黑启动”措施。 (3) 造成较大国际影响，甚至可能影响到国家安全
	大地震（8.0 级以上）		
	大范围冰冻雨雪灾害或极寒天气		
电网运行	外送大通道出现重大故障		
	关键断面、设备压极限运行，局部电网解列等		
外来破坏	有组织开展针对重要电力设施的物理破坏或恐怖袭击		
	通过网络袭击重要电力基础设施和电力控制系统		

建议国家电力行业主管部门或有条件的地方通过出台规章或规范性文件的形式，将地方政府在大面积停电事件应急处置以及应急演练工作中的主体作用、电力行业监管部门的协调作用，以及有关部门、电力企业和企事业单位作为成员单位在地方政府统一领导下参与处置和演练的重要作用加以固化，为今后各地开展大面积停电应急演练工作提供制度依据。通过出台规章或规范性文件，进一步明确地方政府在大面积停电应急演练工作中的主导地位和主体责任，对政府各部门职责、电力企业应急工作的业务边界、有关企事业单位和社会各方在电力应急工作中的责任义务进行细化；进一步明确地方政府统一领导下的大面积停电应急指挥、综合协调、资源调度、信息流转、风险沟通等关键环节的运转机制，使各相关方切实了解各自在大面积停电应急工作中的地位、作用和职责。

3. *大面积停电演练活动更加规范，形成演练长效机制*

目前，国家能源局对省（自治区、直辖市）、市等地方政府开展大面积停电事件应急演练提出了频次要求，要求每 2 年开展一次演练。但实践中，很多地方对如何开展演练，演练中要重点关注哪些问题，演练如何组织实施以及演练中地方政府电力主管部门、能源局派出机构、电力公司以及其他单位之间的权责关系等关键问题不够清楚，为此，需要从制度上进一步规范大面积停电事件应急演练活动。通过建立标准或指南，从演练内容、演练组织实施、演练任务考核等若干方面，对大面积停电事件应急演练工作进行规范，形成大面积停电事件应急演练的长效机制。需要规范的内容重点关注场景设计和任务设置等方面。

(1) 应急演练的场景设计。演练内容的设计，除了参考各级大面积停电事件应急预案中预设的情景和应急活动外，还应高度关注各种极端巨灾情景。

(2) 应急演练的任务设置。应以各级大面积停电事件应急预案规定的应急管理流程为主要框架，分别从监测与风险分析、预警发布与行动、启动应急响应、响应终止、后期处置和应急保障等方面进行规定。其中，应急响应可细分为电网抢修与恢复运行、次生衍生事故防范、居民生活保障、社会治安维护、医疗卫生、信息发布、事态评估、指挥与协调等关键环节。具体演练任务方面，除了对电网抢修、电力调度等电力行业内部应急行动做出了规定外，还着重从社会面影响方面对演练内容进行预设，并对可能涉及对重要用户和相关部门单位提出参与演练的要求。

4. 大面积停电演练组织实施过程更加智能化

未来应大力开发构建先进的大面积停电应急演练平台系统，推动演练逐步实现智能化。在总结各地大面积停电应急演练先进经验的基础上，研究开发完善适合大面积停电事件及其他类似重大突发事件应急演练的应急演练平台系统。系统应能够实现大面积停电实战指挥和模拟演练的各项核心功能，如指挥部与现场的音视频互联互通功能、大面积停电态势感知和分析功能、电网地理接线图接入功能、现场场景实况转播功能等。应急演练平台系统应当明确各成员单位席位的功能和职责，支持和规范信息采集与共享。建议在地方政府和电力行业现有各种平台系统的基础上，研究开发大面积停电信息收集、组织、记录、资源情况共享和传递的基础保障系统，建立应急演练中心基础信息数据库，强化应急指挥平台的信息管理、技术支持、日常维护及后勤保障工作。完善信息汇总规范和传递标准，强化指挥部通过平台系统对现场指挥机构、现场指挥官的支持和协调作用。

7.2 进一步完善大面积停电事件应急演练方法程序的思考

1. 大力推广情景构建方法，完善应急演练工作方法体系

在大面积停电演练策划和实施过程中大力推广情景构建方法。各地根据辖区电力安全风险现状，会同国家电力行业主管部门在驻地的派出机构，组织专家在充分调研的基础上设计出符合地方电网实际的灾害和事件情景。以此为基础，设计任务清单，重点关注巨灾或极端停电情景，关注那些可能会造成应对困难的任务选项，关注那些可能造成各方推诿扯皮的事项，将其提前展示在桌面上供参演单位充分讨论，从而真正发挥应急演练发现问题、解决问题和提升能力的作用。

当前，国内开展的大面积停电应急演练，虽然在场景设计过程体现了情景构建的

思路，但严格意义上讲，与真正的情景构建方法尚有一定差距。多数演练基本上还是在沿用情景想定的传统模式，对情景、任务与能力之间的内在关系并未给予太多的关注，主要精力放在了如何确保顺利完成演练流程、展示应急能力上，未能按照情景构建的方法对演练中暴露出的能力缺陷等深层次问题给予回应。

建议今后加大对情景构建方法的关注和研究力度，并将其作为大面积停电事件应急演练和预案修编的一项基础性方法。演练策划时注重对国内外以往典型大面积停电事件的总结提炼，注重对发生概率小、后果严重事件的发掘，注重对当地具有较大参考借鉴意义情节的总结归纳，按照“情景构建-任务设定-能力检验”的逻辑关系来策划和设计大面积停电事件的应急演练。

建议国家电力行业主管部门研究出台关于情景构建方法的行业标准——《大面积停电事件情景构建导则》。将情景构建方法作为地方政府、电力企业开展大面积停电应急预案编制和演练策划的基本方法，在全国进行推广。目前，国家能源局在《省级大面积停电应急预案编制指南》等规范性文件中，对情景构建方法有所提及。但是，如何具体开展情景构建，如何梳理出关键性问题和薄弱环节，如何将情景与核心应急任务有机结合，如何通过情景构建发现管理上漏洞，找到应急资源的缺口，最终改进提升应急能力等关键环节和步骤，均缺乏相应的指导性文件。很多省级电力企业在开展大面积停电事件应急预案修编和演练时，普遍反映缺乏具体的方法论指导，虽有原则性指向，但缺乏具体可操作的指南、细则和范本，在实际工作中很难落地，亟待国家能源局出台相关细则标准。

《大面积停电事件情景构建导则》应以“风险-情景-任务-能力”为技术主线，对开展大面积停电风险分析、停电及次生衍生事件情景构建、大面积停电应急任务设定、电力应急能力评估与提升等环节进一步进行规范。导则应明确将基于情景构建的大面积停电应急演练方法作为各地开展演练的重要参考，通过标准规范建设，全面提升各地大面积停电应急演练工作水平。

在基于情景构建的大面积停电应急演练策划过程中，风险评估与分析结果、停电情景及其引发的社会面问题、为尽快恢复停电和社会秩序所需开展的各项任务、为完成任务所需的关键应急设施设备和队伍资源等内容，是需要特别关注的关键核心。在充分开展风险评估与分析的基础上，通过对大面积停电场景的全面细化，明确演练中可能涉及到的各项应急管理流程，明确各方职责权限，完善各项应急保障措施。按照演练计划，有层次、有步骤地开展专项演练、实战演练、桌面演练和大型综合性演练，全面对照要素查找问题和短板，做到查缺补漏，提前做好应急能力准备。

建议研究出台《大面积停电事件应急演练情景组》。可以考虑在国家或地方层面，结合近年来国内国际发生的典型大面积停电事件特点，特别是前文提及的巨灾或极端停电情景，组织专家通过深入研究和凝练总结，形成适合我国国情的大面积停电事件应急演练情景组。要聚焦那些具有典型性和代表性的场景，能够代表今后较长一段时间内国家和地方可能面临的重大电力安全风险和威胁，以此为基础，制订应急演练计划，有序开展大面积停电演练工作。演练中应重点关注高度复杂化、高度复合型的大面积停电场景，将停电引发的次生衍生事件作为重要的演练考核要素，并聚焦于停电范围广、需要调集力量和资源多的情形。

2. 更新演练模式，推行组合式大面积停电应急演练

建议各地今后组织大面积停电应急演练时，进一步更新演练形式，推行组合式演练。即将当前采用较多的“汇报式”演练与桌面演练、实战演练、指挥部决策演练等各种演练方式进行有机组合，既注重演练的功能检验效果和观摩要求，又注重对地方政府指挥机构决策能力的考核，同时还能兼顾到对地方和专业应急队伍的实战能力检验。

在演练场景策划和任务设计时，一是要加大对大面积停电应急指挥部决策事项的考核力度，适当增加体现两难选择或决策困境的重大事项场景和演练任务比重。通过对指挥部决策的结果来引导推动事态的发展，避免目前所有决策流程均已事先设定、领导只需按图索骥的演练模式。通过事先梳理辖区应急资源状况，提出超出应急响应能力和电力保障能力的难点问题，来考验指挥机构的资源协调能力。通过推送临时触发的演练任务，来考核指挥机构的危机决策水平和临时应变能力。通过增加两难选择困境问题，来考察指挥机构在关键时刻的决策定力和轻重缓急处置能力。

二是要做到场景逼真，有脚本演练和无脚本演练有机结合，少“演”多“练”。对于电网抢修、城市基础设施、城市生命线、医院、党政机关等重点单位场所的具体处置措施，应尽可能做到模拟场景真实。在演练时间、安全防护、后勤保障等方面完全模拟真实现场情况，提倡实战化“盲演”，参训人员临时接受任务或者通过安排“突发”情况，来检验一线抢险抢修和救援队伍的处置能力。而对于需要指挥机构进行研究决策的重大事项，则可以适当虚拟化，以考察指挥部的会商决策能力为主。

7.3 大面积停电事件应急演练制度化建设的对策建议

未来，要将大面积停电演练作为提升应急能力的关键切入点，长期、规范、动态开展演练，加快推进制度体系建设，形成大面积停电应急演练长效机制。

1. 各地制定大面积停电事件应急演练中长期规划和年度计划

建议各地根据自身电网结特点和所面临的电力安全风险，制定大面积停电事件应急演练中长期规划。把演练工作作为推动地方大面积停电应急管理工作的抓手，通过规划明确长期演练目标并有计划地分解到年度计划中，争取通过一段时间的积累，使

电力应急能力大幅提升并实现质的飞跃。从西方发达国家实践情况来看，应急演练长效机制建设一直是各国提升应急能力的一项重要抓手。例如，德国从 2004 年开始，每 2 年组织一次全联邦范围的大规模演练，其中第一次联邦大演练的场景即为大面积停电事件及其衍生灾害。

为此，建议各地方政府或电力行业主管部门加快完善大面积停电应急演练 5 年规划或中长期规划，有计划、有步骤地有序推进应急演练工作进程，稳扎稳打，逐步提升电力应急能力和水平。在五年规划或中长期规划之下，各地制定年度大面积停电演练计划，每年开展不同层次、规模的桌面演练和功能演练，锻炼一批熟悉大面积停电应急处置工作，具有一定应急处置能力的指挥员队伍。逐步形成和完善以政府为主导、各政府部门参与、电力企业为核心力量、社会公众共同参与的联合处置流程，提高社会共同处置大面积停电事件的整体能力。每 2～3 年开展一次功能流程演练与现场实战演练、指挥部决策演练相结合的大面积停电综合演练，为应对未来可能发生是重大或特大大面积停电事件积累宝贵经验。

此外，有关部门要根据国家能源局和地方政府有关大面积停电事件应急演练规定，明确演练经费来源。会同辖区电力企业，共同研究制定演练费用保障制度，做好演练经费保障。

2. 尽快出台《大面积停电事件应急演练导则（指南）》

国家电力行业主管部门尽快研究出台《大面积停电事件应急演练导则（或指南）》[以下简称《导则（指南）》]。《导则（指南）》应当明确开展大面积停电应急演练的主体、组织实施流程、演练内容、结果应用等若干方面的关键内容。

（1）演练主体方面，应对电力企业、重要电力用户、地方人民政府及相关部门、能源局派出机构各自在演练活动中可能涉及的职责、接口等关键内容进行规范。

（2）演练组织方面，应明确大面积停电事件应急演练的组织单位是各级人民政府或其授权的电力运行主管部门组织实施，演练组织单位要牵头成立由人民政府相关部门、电力企业、能源局及其派出机构、相关单位和企业等作为成员参与演练。此外，还应对大面积停电演练中可能涉及的电网抢修等现场指挥组织提出要求。

（3）演练计划与准备方面，应对演练计划的制定、演练的各项准备活动、方案设计、动员保障等内容进行原则性规定，以确保演练的顺利组织与实施。

（4）演练实施方面，应对开展演练所必需的应急设施、设备、装备等内容以及演练的具体实施与控制过程，所有参演人员在演练中的各自角色定位和各自活动等进行明确。

（5）演练后评估方面，应明确评估的框架和评估流程以及评估结果应用等关键内容。

3. 建立大面积停电演练反馈机制，为做好应急准备提供支撑

大面积停电的发生，是一件小概率事件，这决定了我们很难寄希望于通过实战案例来提高电力应急能力。因此，每一次演练所获取的数据资料都显得尤为珍贵，特别是演练中发现的问题不足和能力短板，能够为我们完善相关预案内容、做好充分的应急准备提供重要的参考依据。

建议建立大面积停电演练反馈机制，将演练中发现的问题和整改结果作为改进电力应急管理体系、修编完善各级大面积停电事件应急预案、改进电力应急工作的重要"入口"，从而形成演练活动的闭环过程。

每次大面积停电演练完成后，对于其中暴露出的重要问题或不足，应分类进行改进。对于机制方面的问题和不足，应尽快通过修订相关大面积停电事件应急预案、及时出台相关规范性文件等方式进行改进。对于体制方面的问题和不足，可能在短时间内难以进行改变，但应及时向上级政府和电力行业主管部门提出来，研究替代方案，通过优化完善应急管理方式和应急处置流程来进行弥补。对于设备物资等方面的不足，应尽快提出设备购置或租赁方案，或通过与有关单位签订应急物资保障协议等方式，补齐能力上的短板。对于各级应急管理人员和应急队伍能力方面的问题和不足，要通过开展学习、培训、交流等多种形式，尽快提升有关人员的应急能力素养。同时，每次大面积停电演练完成后，要督促相关重要电力用户、社会有关企事业单位对各自的大面积停电事件应急预案进行系统梳理和对照检查，尽快出台、修订或完善各自的大面积停电事件应急预案。

地方政府、电力企业和各有关单位在演练总结评估时，要重点将演练反映出来的各方职责界限不够清晰、处置事项可操作性不强等突出问题加以有效解决。通过演练，进一步建立起与实际灾情更加贴近的大面积停电应急管理业务流程，系统改进应急协调联动机制，各主体相互间留有接口，形成大面积停电应急处置的最大合力。

要加强大面积停电演练信息共享机制建设。对于各地在开展大面积停电应急演练过程中暴露出来的共性问题，地方政府应及时向电力行业主管部门及其派出机构进行反馈，共同研究解决方案，同时加大与其他地区的演练信息共享力度，为其提升大面积停电应急能力提供有益借鉴和参考。

附录

国家大面积停电事件应急预案

（国办函〔2015〕134号）

1 总则

1.1 编制目的

建立健全大面积停电事件应对工作机制，提高应对效率，最大程度减少人员伤亡和财产损失，维护国家安全和社会稳定。

1.2 编制依据

依据《中华人民共和国突发事件应对法》《中华人民共和国安全生产法》《中华人民共和国电力法》《生产安全事故报告和调查处理条例》《电力安全事故应急处置和调查处理条例》《电网调度管理条例》《国家突发公共事件总体应急预案》及相关法律法规等，制定本预案。

1.3 适用范围

本预案适用于我国境内发生的大面积停电事件应对工作。

大面积停电事件是指由于自然灾害、电力安全事故和外力破坏等原因造成区域性电网、省级电网或城市电网大量减供负荷，对国家安全、社会稳定以及人民群众生产生活造成影响和威胁的停电事件。

1.4 工作原则

大面积停电事件应对工作坚持统一领导、综合协调，属地为主、分工负责，保障民生、维护安全，全社会共同参与的原则。大面积停电事件发生后，地方人民政府及其有关部门、能源局相关派出机构、电力企业、重要电力用户应立即按照职责分工和相关预案开展处置工作。

1.5 事件分级

按照事件严重性和受影响程度，大面积停电事件分为特别重大、重大、较大和一般四级。分级标准见附件 1。

2 组织体系

2.1 国家层面组织指挥机构

能源局负责大面积停电事件应对的指导协调和组织管理工作。当发生重大、特别重大大面积停电事件时，能源局或事发地省级人民政府按程序报请国务院批准，或根据国务院领导同志指示，成立国务院工作组，负责指导、协调、支持有关地方人民政府开展大面积停电事件应对工作。必要时，由国务院或国务院授权发展改革委成立国家大面积停电事件应急指挥部，统一领导、组织和指挥大面积停电事件应对工作。应急指挥部组成及工作组职责见附件 2。

2.2 地方层面组织指挥机构

县级以上地方人民政府负责指挥、协调本行政区域内大面积停电事件应对工作，要结合本地实际，明确相应组织指挥机构，建立健全应急联动机制。

发生跨行政区域的大面积停电事件时，有关地方人民政府应根据需要建立跨区域大面积停电事件应急合作机制。

2.3 现场指挥机构

负责大面积停电事件应对的人民政府根据需要成立现场指挥部，负责现场组织指挥工作。参与现场处置的有关单位和人员应服从现场指挥部的统一指挥。

2.4 电力企业

电力企业（包括电网企业、发电企业等，下同）建立健全应急指挥机构，在政府组织指挥机构领导下开展大面积停电事件应对工作。电网调度工作按照《电网调度管理条例》及相关规程执行。

2.5 专家组

各级组织指挥机构根据需要成立大面积停电事件应急专家组，成员由电力、气象、地质、水文等领域相关专家组成，对大面积停电事件应对工作提供技术咨询和建议。

3 监测预警和信息报告

3.1 监测和风险分析

电力企业要结合实际加强对重要电力设施设备运行、发电燃料供应等情况的监测，建立与气象、水利、林业、地震、公安、交通运输、国土资源、工业和信息化等部门的信息共享机制，及时分析各类情况对电力运行可能造成的影响，预估可能影响的范围和程度。

3.2 预警

3.2.1 预警信息发布

电力企业研判可能造成大面积停电事件时，要及时将有关情况报告受影响区域地方人民政府电力运行主管部门和能源局相关派出机构，提出预警信息发布建议，并视情通知重要电力用户。地方人民政府电力运行主管部门应及时组织研判，必要时报请当地人民政府批准后向社会公众发布预警，并通报同级其他相关部门和单位。当可能发生重大以上大面积停电事件时，中央电力企业同时报告能源局。

3.2.2 预警行动

预警信息发布后，电力企业要加强设备巡查检修和运行监测，采取有效措施控制事态发展；组织相关应急救援队伍和人员进入待命状态，动员后备人员做好参加应急救援和处置工作准备，并做好大面积停电事件应急所需物资、装备和设备等应急保障准备工作。重要电力用户做好自备应急电源启用准备。受影响区域地方人民政府启动应急联动机制，组织有关部门和单位做好维持公共秩序、供水供气供热、商品供应、交通物流等方面的应急准备；加强相关舆情监测，主动回应社会公众关注的热点问题，及时澄清谣言传言，做好舆论引导工作。

3.2.3 预警解除

根据事态发展，经研判不会发生大面积停电事件时，按照“谁发布、谁解除”的原则，由发布单位宣布解除预警，适时终止相关措施。

3.3 信息报告

大面积停电事件发生后，相关电力企业应立即向受影响区域地方人民政府电力运行主管部门和能源局相关派出机构报告，中央电力企业同时报告能源局。

事发地人民政府电力运行主管部门接到大面积停电事件信息报告或者监测到相关信息后，应当立即进行核实，对大面积停电事件的性质和类别作出初步认定，按照国家规定的时限、程序和要求向上级电力运行主管部门和同级人民政府报告，并通报同级其他相关部门和单位。地方各级人民政府及其电力运行主管部门应当按照有关规定逐级上报，必要时可越级上报。能源局相关派出机构接到大面积停电事件报告后，应当立即核实有关情况并向能源局报告，同时通报事发地县级以上地方人民政府。对初判为重大以上的大面积停电事件，省级人民政府和能源局要立即按程序向国务院报告。

4 应急响应

4.1 响应分级

根据大面积停电事件的严重程度和发展态势，将应急响应设定为Ⅰ级、Ⅱ级、Ⅲ级和Ⅳ级四个等级。初判发生特别重大大面积停电事件，启动Ⅰ级应急响应，由事发地省级人民政府负责指挥应对工作。必要时，由国务院或国务院授权发展改革委成立国家大面积停电事件应急指挥部，统一领导、组织和指挥大面积停电事件应对工作。初判发生重大大面积停电事件，启动Ⅱ级应急响应，由事发地省级人民政府负责指挥应对工作。初判发生较大、一般大面积停电事件，分别启动Ⅲ级、Ⅳ级应急响应，根据事件影响范围，由事发地县级或市级人民政府负责指挥应对工作。

对于尚未达到一般大面积停电事件标准，但对社会产生较大影响的其他停电事件，地方人民政府可结合实际情况启动应急响应。

应急响应启动后，可视事件造成损失情况及其发展趋势调整响应级别，避免响应不足或响应过度。

4.2 响应措施

大面积停电事件发生后，相关电力企业和重要电力用户要立即实施先期处置，全力控制事件发展态势，减少损失。各有关地方、部门和单位根据工作需要，组织采取以下措施。

4.2.1 抢修电网并恢复运行

电力调度机构合理安排运行方式，控制停电范围；尽快恢复重要输变电设备、电力主干网架运行；在条件具备时，优先恢复重要电力用户、重要城市和重点地区的电力供应。

电网企业迅速组织力量抢修受损电网设备设施，根据应急指挥机构要求，向重要电力用户及重要设施提供必要的电力支援。

发电企业保证设备安全，抢修受损设备，做好发电机组并网运行准备，按照电力调度指令恢复运行。

4.2.2 防范次生衍生事故

重要电力用户按照有关技术要求迅速启动自备应急电源，加强重大危险源、重要目标、重大关键基础设施隐患排查与监测预警，及时采取防范措施，防止发生次生衍生事故。

4.2.3 保障居民基本生活

启用应急供水措施，保障居民用水需求；采用多种方式，保障燃气供应和采暖期内居民生活热力供应；组织生活必需品的应急生产、调配和运输，保障停电期间居民基本生活。

4.2.4 维护社会稳定

加强涉及国家安全和公共安全的重点单位安全保卫工作，严密防范和严厉打击违法犯罪活动。加强对停电区域内繁华街区、大型居民区、大型商场、学校、医院、金融机构、机场、城市轨道交通设施、车站、码头及其他重要生产经营场所等重点地区、重点部位、人员密集场所的治安巡逻，及时疏散人员，解救被困人员，防范治安事件。加强交通疏导，维护道路交通秩序。尽快恢复企业生产经营活动。严厉打击造谣惑众、囤积居奇、哄抬物价等各种违法行为。

4.2.5 加强信息发布

按照及时准确、公开透明、客观统一的原则，加强信息发布和舆论引导，主动向社会发布停电相关信息和应对工作情况，提示相关注意事项和安保措施。加强舆情收集分析，及时回应社会关切，澄清不实信息，正确引导社会舆论，稳定公众情绪。

4.2.6 组织事态评估

及时组织对大面积停电事件影响范围、影响程度、发展趋势及恢复进度进行评估，为进一步做好应对工作提供依据。

4.3 国家层面应对

4.3.1 部门应对

初判发生一般或较大大面积停电事件时，能源局开展以下工作：

（1）密切跟踪事态发展，督促相关电力企业迅速开展电力抢修恢复等工作，指导督促地方有关部门做好应对工作；

（2）视情派出部门工作组赴现场指导协调事件应对等工作；

（3）根据中央电力企业和地方请求，协调有关方面为应对工作提供支援和技术支持；

（4）指导做好舆情信息收集、分析和应对工作。

4.3.2 国务院工作组应对

初判发生重大或特别重大大面积停电事件时，国务院工作组主要开展以下工作：

（1）传达国务院领导同志指示批示精神，督促地方人民政府、有关部门和中央电力企业贯彻落实；

（2）了解事件基本情况、造成的损失和影响、应对进展及当地需求等，根据地方和中央电力企业请求，协调有关方面派出应急队伍、调运应急物资和装备、安排专家和技术人员等，为应对工作提供支援和技术支持；

（3）对跨省级行政区域大面积停电事件应对工作进行协调；

（4）赶赴现场指导地方开展事件应对工作；

（5）指导开展事件处置评估；

（6）协调指导大面积停电事件宣传报道工作；

（7）及时向国务院报告相关情况。

4.3.3 国家大面积停电事件应急指挥部应对

根据事件应对工作需要和国务院决策部署，成立国家大面积停电事件应急指挥部。主要开展以下工作：

（1）组织有关部门和单位、专家组进行会商，研究分析事态，部署应对工作；

（2）根据需要赴事发现场，或派出前方工作组赴事发现场，协调开展应对工作；

（3）研究决定地方人民政府、有关部门和中央电力企业提出的请求事项，重要事项报国务院决策；

（4）统一组织信息发布和舆论引导工作；

（5）组织开展事件处置评估；

（6）对事件处置工作进行总结并报告国务院。

4.4 响应终止

同时满足以下条件时，由启动响应的人民政府终止应急响应：

（1）电网主干网架基本恢复正常，电网运行参数保持在稳定限额之内，主要发电厂机组运行稳定；

（2）减供负荷恢复80％以上，受停电影响的重点地区、重要城市负荷恢复90％以上；

（3）造成大面积停电事件的隐患基本消除；

（4）大面积停电事件造成的重特大次生衍生事故基本处置完成。

5 后期处置

5.1 处置评估

大面积停电事件应急响应终止后，履行统一领导职责的人民政府要及时组织对事件处置工作进行评估，总结经验教训，分析查找问题，提出改进措施，形成处置评估报告。鼓励开展第三方评估。

5.2 事件调查

大面积停电事件发生后，根据有关规定成立调查组，查明事件原因、性质、影响范围、经济损失等情况，提出防范、整改措施和处理处置建议。

5.3 善后处置

事发地人民政府要及时组织制订善后工作方案并组织实施。保险机构要及时开展相关理赔工作，尽快消除大面积停电事件的影响。

5.4 恢复重建

大面积停电事件应急响应终止后，需对电网网架结构和设备设施进行修复或重建的，由能源局或事发地省级人民政府根据实际工作需要组织编制恢复重建规划。相关电力企业和受影响区域地方各级人民政府应当根据规划做好受损电力系统恢复重建工作。

6 保障措施

6.1 队伍保障

电力企业应建立健全电力抢修应急专业队伍，加强设备维护和应急抢修技能方面的人员培训，定期开展应急演练，提高应急救援能力。地方各级人民政府根据需要组织动员其他专业应急队伍和志愿者等参与大面积停电事件及其次生衍生灾害处置工作。军队、武警部队、公安消防等要做好应急力量支援保障。

6.2 装备物资保障

电力企业应储备必要的专业应急装备及物资，建立和完善相应保障体系。国家有关部门和地方各级人民政府要加强应急救援装备物资及生产生活物资的紧急生产、储备调拨和紧急配送工作，保障支援大面积停电事件应对工作需要。鼓励支持社会化储备。

6.3 通信、交通与运输保障

地方各级人民政府及通信主管部门要建立健全大面积停电事件应急通信保障体系，形成可靠的通信保障能力，确保应急期间通信联络和信息传递需要。交通运输部门要健全紧急运输保障体系，保障应急响应所需人员、物资、装备、器材等的运输；公安部门要加强交通应急管理，保障应急救援车辆优先通行；根据全面推进公务用车制度改革有关规定，有关单位应配备必要的应急车辆，保障应急救援需要。

6.4 技术保障

电力行业要加强大面积停电事件应对和监测先进技术、装备的研发，制定电力应急技术标准，加强电网、电厂安全应急信息化平台建设。有关部门要为电力日常监测预警及电力应急抢险提供必要的气象、地质、水文等服务。

6.5 应急电源保障

提高电力系统快速恢复能力，加强电网“黑启动”能力建设。国家有关部门和电力企业应充分考虑电源规划布局，保障各地区“黑启动”电源。电力企业应配备适量的应急发电装备，必要时提供应急电源支援。重要电力用户应按照国家有关技术要求配置应急电源，并加强维护和管理，确保应急状态下能够投入运行。

6.6 资金保障

发展改革委、财政部、民政部、国资委、能源局等有关部门和地方各级人民政府以及各相关电力企业应按照有关规定，对大面积停电事件处置工作提供必要的资金保障。

7 附则

7.1 预案管理

本预案实施后，能源局要会同有关部门组织预案宣传、培训和演练，并根据实际情况，适时组织评估和修订。地方各级人民政府要结合当地实际制定或修订本级大面积停电事件应急预案。

7.2　预案解释

本预案由能源局负责解释。

7.3　预案实施时间

本预案自印发之日起实施。

附件：1. 大面积停电事件分级标准

2. 国家大面积停电事件应急指挥部组成及工作组职责

附件1　大面积停电事件分级标准

一、特别重大大面积停电事件

1. 区域性电网：减供负荷30%以上。

2. 省、自治区电网：负荷20000兆瓦以上的减供负荷30%以上，负荷5000兆瓦以上20000兆瓦以下的减供负荷40%以上。

3. 直辖市电网：减供负荷50%以上，或60%以上供电用户停电。

4. 省、自治区人民政府所在地城市电网：负荷2000兆瓦以上的减供负荷60%以上，或70%以上供电用户停电。

二、重大大面积停电事件

1. 区域性电网：减供负荷10%以上30%以下。

2. 省、自治区电网：负荷20000兆瓦以上的减供负荷13%以上30%以下，负荷5000兆瓦以上20000兆瓦以下的减供负荷16%以上40%以下，负荷1000兆瓦以上5000兆瓦以下的减供负荷50%以上。

3. 直辖市电网：减供负荷20%以上50%以下，或30%以上60%以下供电用户停电。

4. 省、自治区人民政府所在地城市电网：负荷2000兆瓦以上的减供负荷40%以上60%以下，或50%以上70%以下供电用户停电；负荷2000兆瓦以下的减供负荷40%以上，或50%以上供电用户停电。

5. 其他设区的市电网：负荷600兆瓦以上的减供负荷60%以上，或70%以上供电用户停电。

三、较大大面积停电事件

1. 区域性电网：减供负荷7%以上10%以下。

2. 省、自治区电网：负荷20000兆瓦以上的减供负荷10%以上13%以下，负荷5000兆瓦以上20000兆瓦以下的减供负荷12%以上16%以下，负荷1000兆瓦以上 5000 兆瓦以下的减供负荷 20%以上 50%以下，负荷 1000 兆瓦以下的减供负荷 40%以上。

3. 直辖市电网：减供负荷 10%以上 20%以下，或 15%以上 30%以下供电用户停电。

4. 省、自治区人民政府所在地城市电网：减供负荷 20%以上 40%以下，或 30%以上 50%以下供电用户停电。

5. 其他设区的市电网：负荷 600 兆瓦以上的减供负荷 40%以上 60%以下，或 50%以上 70%以下供电用户停电；负荷 600 兆瓦以下的减供负荷 40%以上，或 50%以上供电用户停电。

6. 县级市电网：负荷 150 兆瓦以上的减供负荷 60%以上，或 70%以上供电用户停电。

四、一般大面积停电事件

1. 区域性电网：减供负荷 4%以上 7%以下。

2. 省、自治区电网：负荷 20000 兆瓦以上的减供负荷 5%以上 10%以下，负荷 5000 兆瓦以上 20000 兆瓦以下的减供负荷 6%以上 12%以下，负荷 1000 兆瓦以上 5000 兆瓦以下的减供负荷 10%以上 20%以下，负荷 1000 兆瓦以下的减供负荷 25%以上 40%以下。

3. 直辖市电网：减供负荷 5%以上 10%以下，或 10%以上 15%以下供电用户停电。

4. 省、自治区人民政府所在地城市电网：减供负荷 10%以上 20%以下，或 15%以上 30%以下供电用户停电。

5. 其他设区的市电网：减供负荷 20%以上 40%以下，或 30%以上 50%以下供电用户停电。

6. 县级市电网：负荷 150 兆瓦以上的减供负荷 40%以上 60%以下，或 50%以上 70%以下供电用户停电；负荷 150 兆瓦以下的减供负荷 40%以上，或 50%以上供电用户停电。

上述分级标准有关数量的表述中，“以上”含本数，“以下”不含本数。

附件 2　国家大面积停电事件应急指挥部组成及工作组职责

国家大面积停电事件应急指挥部主要由发展改革委、中央宣传部（新闻办）、中央网信办、工业和信息化部、公安部、民政部、财政部、国土资源部、住房城乡建设部、交通运输部、水利部、商务部、国资委、新闻出版广电总局、安全监管总局、林业局、地震局、气象局、能源局、测绘地信局、铁路局、民航局、总参作战部、武警总部、中国铁路总公司、国家电网公司、中国南方电网有限责任公司等部门和单位组成，并可根据应对工作需要，增加有关地方人民政府、其他有关部门和相关电力企业。

国家大面积停电事件应急指挥部设立相应工作组，各工作组组成及职责分工如下：

一、电力恢复组：由发展改革委牵头，工业和信息化部、公安部、水利部、安全监管总局、林业局、地震局、气象局、能源局、测绘地信局、总参作战部、武警总部、国家电网公司、中国南方电网有限责任公司等参加，视情增加其他电力企业。

主要职责：组织进行技术研判，开展事态分析；组织电力抢修恢复工作，尽快恢复受影响区域供电工作；负责重要电力用户、重点区域的临时供电保障；负责组织跨区域的电力应急抢修恢复协调工作；协调军队、武警有关力量参与应对。

二、新闻宣传组：由中央宣传部（新闻办）牵头，中央网信办、发展改革委、工业和信息化部、公安部、新闻出版广电总局、安全监管总局、能源局等参加。

主要职责：组织开展事件进展、应急工作情况等权威信息发布，加强新闻宣传报道；收集分析国内外舆情和社会公众动态，加强媒体、电信和互联网管理，正确引导舆论；及时澄清不实信息，回应社会关切。

三、综合保障组：由发展改革委牵头，工业和信息化部、公安部、民政部、财政部、国土资源部、住房城乡建设部、交通运输部、水利部、商务部、国资委、新闻出版广电总局、能源局、铁路局、民航局、中国铁路总公司、国家电网公司、中国南方电网有限责任公司等参加，视情增加其他电力企业。

主要职责：对大面积停电事件受灾情况进行核实，指导恢复电力抢修方案，落实人员、资金和物资；组织做好应急救援装备物资及生产生活物资的紧急生产、储备调拨和紧急配送工作；及时组织调运重要生活必需品，保障群众基本生活和市场供应；维护供水、供气、供热、通信、广播电视等设施正常运行；维护铁路、道路、水路、民航等基本交通运行；组织开展事件处置评估。

四、社会稳定组：由公安部牵头，中央网信办、发展改革委、工业和信息化部、民政部、交通运输部、商务部、能源局、总参作战部、武警总部等参加。

主要职责：加强受影响地区社会治安管理，严厉打击借机传播谣言制造社会恐慌，以及趁机盗窃、抢劫、哄抢等违法犯罪行为；加强转移人员安置点、救灾物资存放点等重点地区治安管控；加强对重要生活必需品等商品的市场监管和调控，打击囤积居奇行为；加强对重点区域、重点单位的警戒；做好受影响人员与涉事单位、地方人民政府及有关部门矛盾纠纷化解等工作，切实维护社会稳定。

参 考 文 献

［1］ 安志国，杨琨，潘效文，等．城市大面积停电事件影响及特征分析［J］．电力安全技术，2021（12）．

［2］ 安志国，杨琨，潘效文，等．大面积停电应急演练优化建议［J］．电力安全技术，2022（24）．

［3］ 李琳，冀鲁豫，张一驰，等．巴基斯坦“1·9”大停电事故初步分析及启示［J］．电网技术，2022，46（2）．

［4］ 雷傲宇，周剑，梅勇，等．“3·3”中国台湾电网大停电事故分析及启示［J］．南方电网技术．2022，16（9）：79－86．

［5］ 柳永妍，左剑，呙虎，等．巴西3·21停电事故分析及其对湖南电网的启示［J］．湖南电力，2019（2）．

［6］ 刘永奇，谢开．从调度角度分析8·14美加大停电［J］．电网技术，2004，28（8）：10－15．

［7］ 徐永禧．5·25莫斯科大停电的启示［J］．供用电，2005（5）：9－10．

［8］ 王元．世界十大电力事故及电力安全启示录［J/OL］．腐蚀防护之友，2017－03－31．http://www.ecorr.org/elec/2017－03－31/3151.html．

［9］ 唐斯庆，张弥，李建设，等．海南电网“9·26”大面积停电事故的分析与总结［J］．电力系统自动化，2006，30（1）：1－7．